ゆるりまいにち猫《ねこ》日《び》和《より》

ゆるりまい

はじめに

私はおそらく人より物を持たない方だと思います。元汚部屋住人だったトラウマから、今ではガラーンと殺風景な、無駄なものはなんにもない家に住んでいます。でもそんな我が家には猫が4匹います。人間が4人に猫4匹。まぁまぁ賑やかに暮らしている方だと思います。庭に草木が茂っているせいか、地域猫も庭に顔を出すことがあります。街を歩いていても、猫を見かけるとつい足を止めて見入ってしまうし、猫がモチーフの雑貨はそれだけでついつい手にとりがちです。家でも猫、外でも猫、持ち物も猫。ふと自分の身の回りを振り返ってみると、結構猫に囲まれた生活を送っているようです。

でもそれはつい最近まで自覚がなかったことでした。小さい頃から猫を飼っていて、あまりにも猫が生活の一部だったため、そんな生活が当たり前だったのです。

ふと自分の生活と猫の関わりについて考えてみると、思いの外《ほか》自分と猫との関係が密接だったので、少しばかり驚いています。

また、普段私は滅多に写真は撮らない&家の中では携帯を放置するタチなのですが、この漫画を描くようになってからは、いつ何時猫たちの面白シャッターチャンスが訪れるかわからないので、常に携帯を携えるようになりました。

人間の想像の斜め上を軽く超えてしまう猫たちは見ていて飽きません。時にツレない態度を取るけど、気まぐれに甘えてきては私たちをメロメロにする猫。クールなようで、実はすんごくおっちょこちょいだったり、機敏なようで、鈍臭かったり。そんな猫様4匹に囲まれて暮らしている私の日常で、少しでも楽しんでいただけたら嬉しいです。

もくじ

はじめに　2
第1話　夜中の恐怖体験　6
ゆるり家猫名鑑　File1：ゆるりくるり（男）　12
第2話　黒猫ぽっけの写真写り問題　13
ゆるり家猫名鑑　File2：ゆるりぽっけ（男）　21
第3話　ギャップありすぎ!?　成長ビフォー&アフター　22
ゆるり家猫名鑑　File3：ゆるりうた（女）　28
第4話　かわいそうなほど存在感がない猫「ゆう」　29
ゆるり家猫名鑑　File4：ゆるりゆう（女）　36
第5話　「男子って不潔でガサツで大嫌い！」男子VS女子　37
第6話　うちの子に比べて、おたくのお嬢さんったら…　43
第7話　なんて健気…！　1歳児に気を遣う猫　49
第8話　魔性の猫くるりの逆襲　55

第9話　なんじゃこりゃー！　1歳児と猫2匹がやらかしたいたずらに絶句　61
第10話　毎晩、寝室で繰り広げられる仁義なき戦い　67
第11話　ダ、ダメ…動きたい！　我慢できないやっかいな癖　73
第12話　猫を大パニックにさせてしまった息子のお遊び　79
第13話　夫を寝かせてあげたいけれど…　86
第14話　愛が重すぎるよっ！　92
第15話　妻はずるい！　ずるすぎる！　98
第16話　毛が…！　ファッションへのあくなき挑戦　105
第17話　なぜそこに!?　突拍子もない行動をとる猫たち　111
第18話　猫トイレをめぐる涙ぐましいトライ&エラー　116
第19話　こんなことってある!?　猫たちの奇跡の1枚　122
第20話　空気読んでくれ～！　何もかもうまくいかない夜　127
〈おまけ〉　おかあちゃんが考えたぼくたちの家　133
おわりに　142

第１話　夜中の恐怖体験

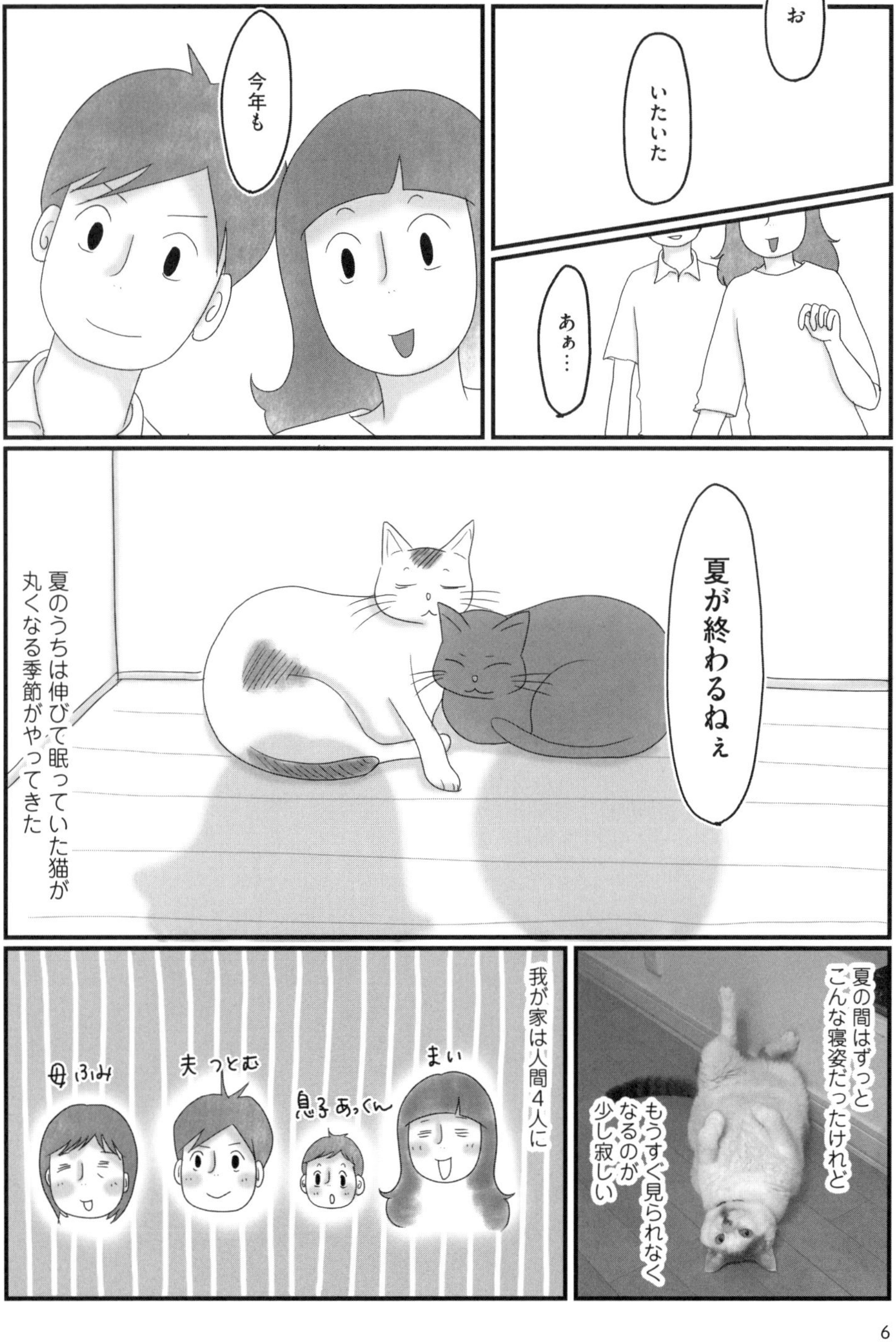
お
いたいた
今年も
あぁ…
夏が終わるねぇ
夏のうちは伸びて眠っていた猫が
丸くなる季節がやってきた
夏の間はずっと
こんな寝姿だったけれど
もうすぐ見られなく
なるのが
少し寂しい
我が家は人間４人に
まい
息子あっくん
夫 つとむ
母 ふみ

猫4匹の
8人(?)家族
特大
小
中
大
バィィーン
くるり(6)♂
うた(2)♀
ゆう(12)♀
ぽっけ(6)♂
家のどこかしらに猫がいて
@冷蔵庫の上
ドア開けにくいな…
@棚の中のカゴ
そのカゴ洗濯もの入れなんだけど…
ドャァ
@カーテンレールの上
ニャリ
いないと思ったらそんな高いところに!
もう長いこと
猫と暮らす毎日を送っている
はぁぁぁぁ…

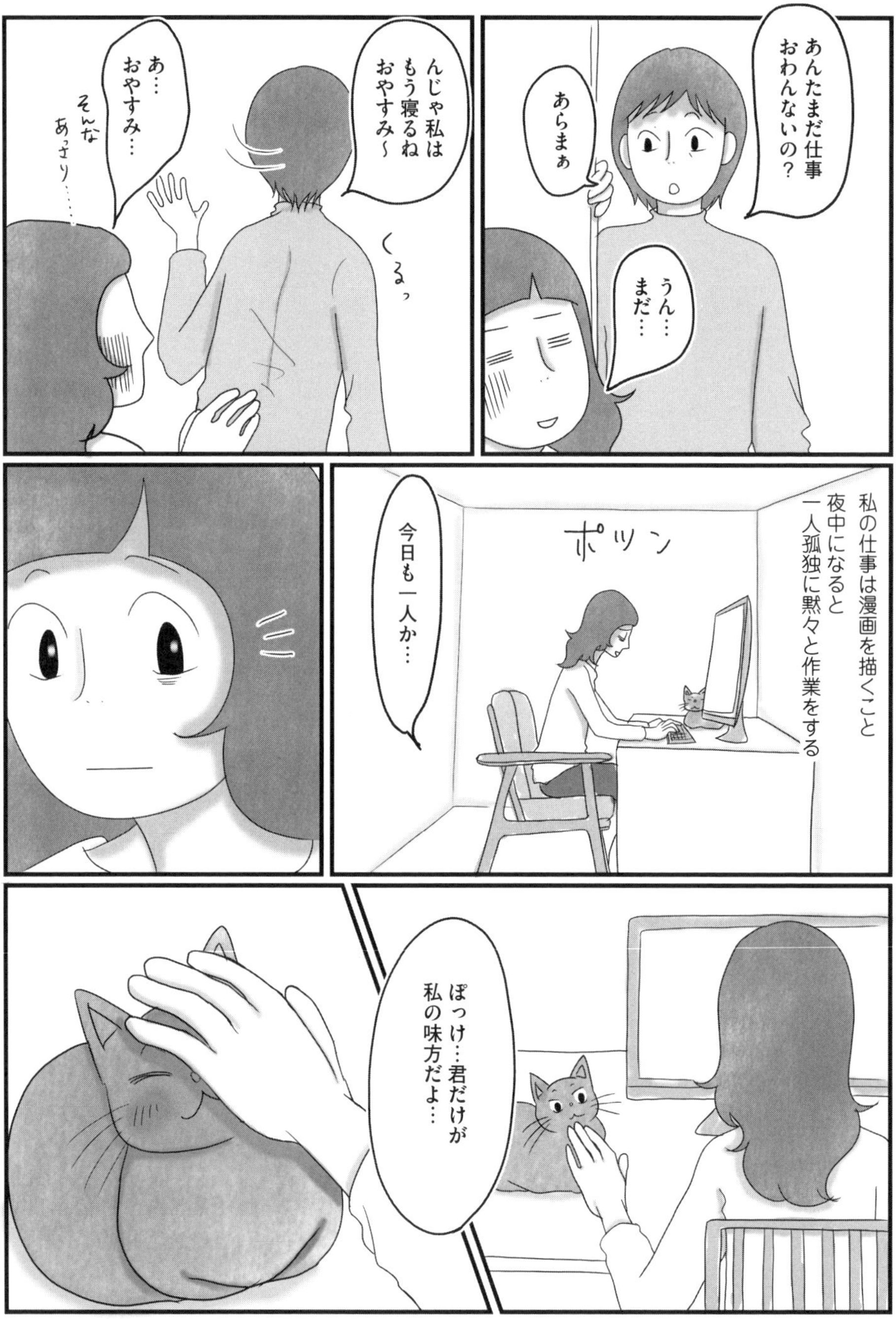
あんたまだ仕事おわんないの？
あらまぁ
うん…まだ…
んじゃ私はもう寝るねおやすみ～
くるっ
あ…おやすみ…
そんなあっさり……
私の仕事は漫画を描くこと
夜中になると一人孤独に黙々と作業をする
ポツン
今日も一人か…
ぽっけ…君だけが私の味方だよ…

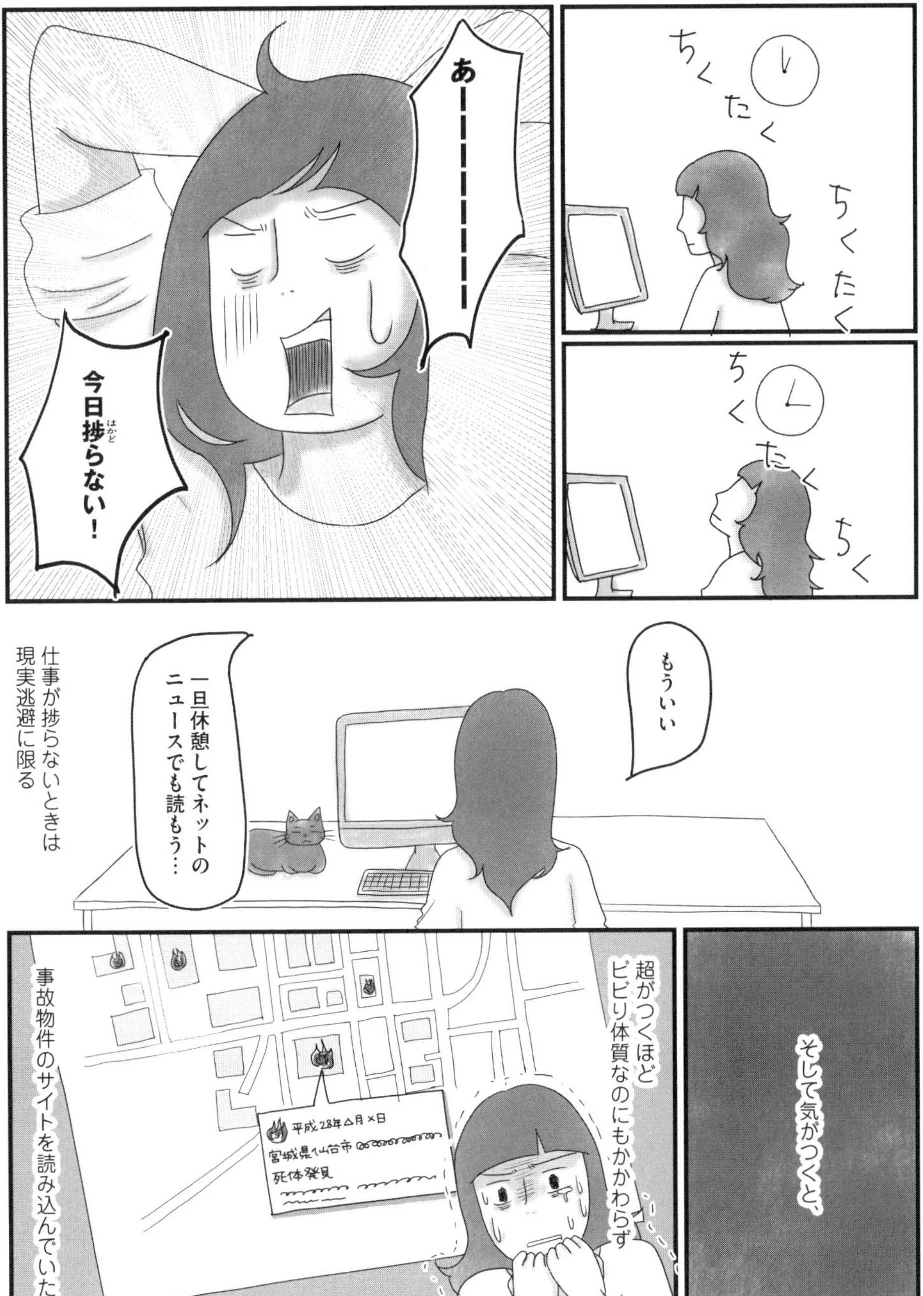
ちくたく
ちくたく
ちく
たく
ちく
あーーーー
今日捗《はかど》らない！
もういい
一旦休憩してネットのニュースでも読もう…
仕事が捗らないときは現実逃避に限る
そして気がつくと、
超がつくほどビビり体質なのにもかかわらず
平成28年△月×日
宮城県仙台市
死体発見
事故物件のサイトを読み込んでいた私

怖いよ…
なんで世の中には
こんなに怖いことが
多いの!?
ギィィィ…
すっ
ビクッ
え!?
何!?
バッ
しーーん
な…
なーんだ…!
猫特有の、何もない空間を
じっと見つめるってやつか
脅かさないでよー!
ギギギギ……

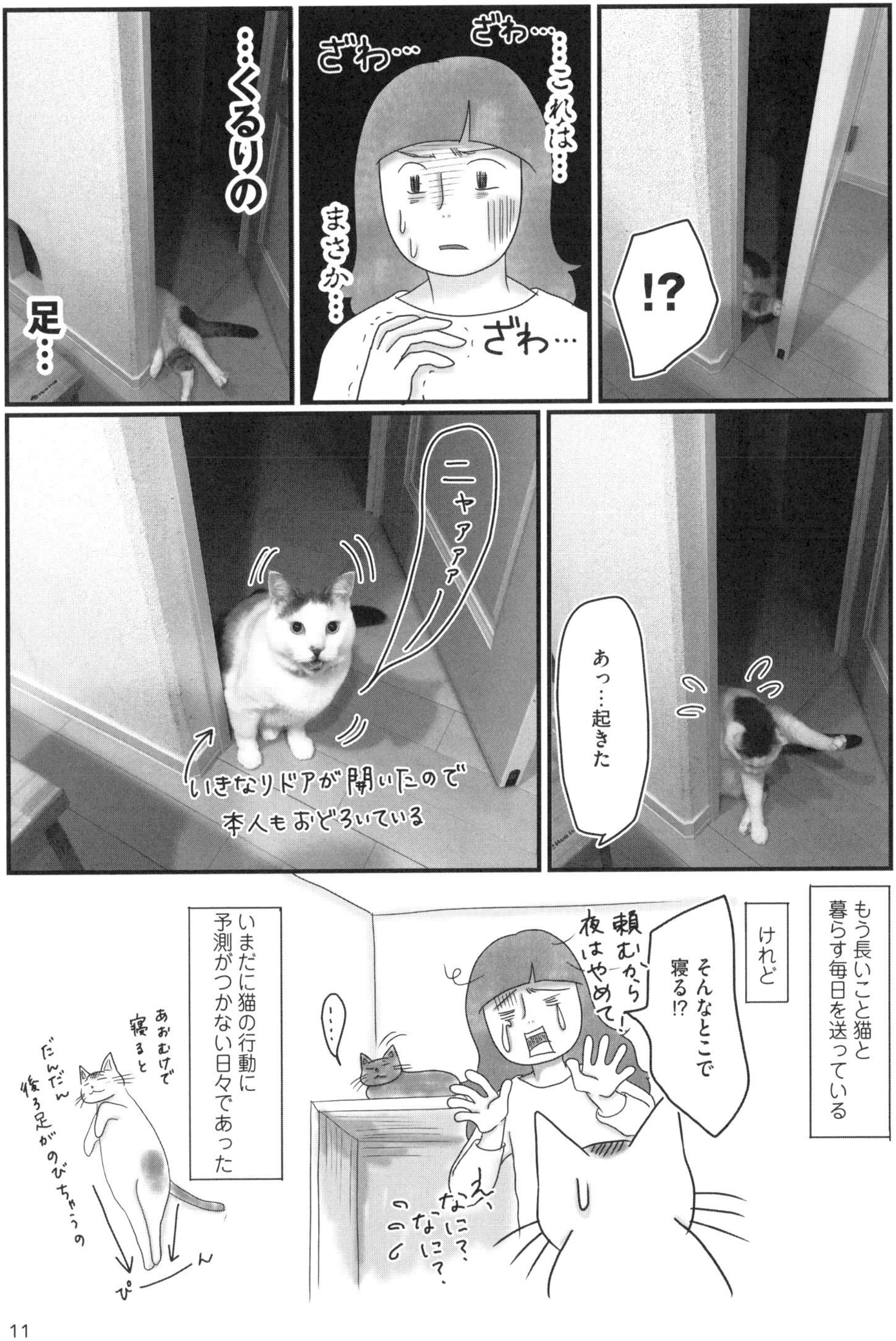
!?
ざわ…
ざわ…
…これは…
まさか…
ざわ…
…くるりの
足…
あっ…起きた
ニャアア
いきなりドアが開いたので
本人もおどろいている
もう長いこと猫と暮らす毎日を送っている
けれど
そんなとこで寝る!?
頼むから夜はやめて!
え、なに?なに?
…!
いまだに猫の行動に予測がつかない日々であった
あおむけで寝ると
だんだん後ろ足がのびちゃうの
ぴーーん

ゆるり家猫名鑑

File 1：ゆるりくるり（男）

猫種：ミックス　毛種：グレートビ

2010年10月生まれ　体重：7.8Kg

ゆるり家史上最強のおデブ。

飼い主共に万年ダイエッターだが、意外に少食。

超絶甘えっこで、常に飼い主のそばにいる。

周囲の人いわく、「意外に声がかわいい」との事。

一度なでるとクセになるらしく（デブ具合が？）、

ファンタタし。（←それを本人も分かっている……？）

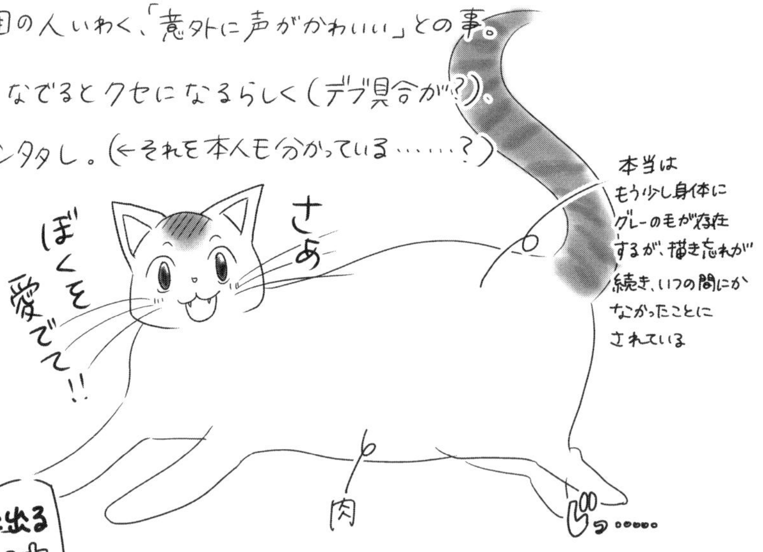
ぼくを愛でて!!
さあ
本当は
もう少し身体に
グレーの毛が存在
するが、描き忘れが
続き、いつの間にか
なかったことに
されている
肉
ぴっ……

テストに出るPoint

打ち合わせ中、ずっと我々を見守っていた事から、幻冬舎の担当さんから「カントク」というあだ名を付けられる。

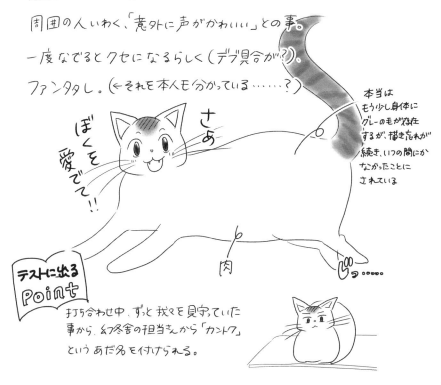

第2話 黒猫ぽっけの写真写り問題

なにこれ？
どこが顔なの？
そもそもこれ
猫なの？
ていうか横にあるの
くるりのおしり
だよね……
……
こういうのはコツが
あるんだから
まぁ見ててよ
元写真部の僕に
任せて〜！
カシャッ
ほら見てみ〜
ちゃんと撮れ…
?!
バッ
バッ
ねえ さっきから
なんなの〜
よくこんなブサイクに
撮れるね
さすが元写真部さん…
すんっ……

いやまぁでもさ
気を取り直して
フォロー
黒猫って本当
撮るの難しいよね！
そうなんだよ
特にくるりと
並んでるところ撮ると
カシャッ
間違いなく
変な写真に
なるんだよね…
なにこれ
前向いてんの？
後ろ向いてんの？
あーんもう！
じゃあぽっけに
合わせよう！
カシャッ
……
…………

…くるりさん…
ごくり…
パーン
はあ…
…神々しいです……
ぽっけって
写真写り悪いのかな
多分そうだよ
元写真部の僕が
言うんだから
間違いないよ
写真写りが
悪いというより
…………
写真が下手な飼い主の元に
来てしまったことが
損なポイントだと
思うんだけど…
ぽっけは実に社交的である
おじゃまします!!
突然ごめんね～
娘がゆるりさん家の
猫と遊びたいって
猫!
猫!
全然いいよ～

あ！
黒猫さんだ！
ん!?
でかいね！
え？そう？
でも全然噛《か》まないから
大丈夫ですよ～
我が家で一番
社交的な猫はぽっけ
きゃ～！
かわいい～！
おう！
あそんでやるからよ！
もっと構え！
ソワ
ソワ
ソワ
ソワ
ソワ
お客さんが来ると
4匹いるうちぽっけだけが顔を出し
お客さんに愛嬌を振りまく
1時間後
カタンッ……
…は…！
あ――――！

階段に白い猫ちゃんがいる！
どうもくるりと申します
ズバ
ん…？
…も…もっとでかい…
すすすッ
ドターンッ
にゃあ〜ん♡
あ…でも
…か…かわいい…
おい！お前！ずるいぞ！

今頃出てきて
お怒りプルプル
どういうつもりだよ!
1時間様子を見させていただいたが
大丈夫そうなので降りてきたよ
あとはぼくにまかせて!
おれは毒味かよ!
あーん♡
お腹ぶよぶよしててかわいい～♡
ナデ
ナデ
ナデ
ナデ
か…
…かわいそう…!
ぶわっ
いつだってそうだよ!
ぽつん
ぽっけはいつもおいしいところをくるりにかっさらわれるんだ!

ちょっと写真写りが悪くて、
少し要領が悪くて…
でも…！
↑※撮影者：夫
そんなぽっけが
ガバッ
僕は大好きっ！
やめていただけませんか
おれは抱っこが大嫌いなのです
ジャァー
ヒイッ
ごめんなさい
我が家の中で一番人が好きなはずのぽっけは
僕はただ…
ぽっけを抱きしめたかっただけなのに…！
我が家の中で一番抱っこが嫌いな猫なのであった
うーん、実に猫だな…

ゆるり家猫名鑑

File 2：ゆるりぽっけ（男）

猫種：ミックス　毛種：黒猫

2010年10月生まれ　体重：6.5Kg

来客が大好きで全く人怖じしない
ゆるり家きっての接客マスター。
その為雑誌の撮影ではほぼぽっけが
写り込む。
人怖じしないが
抱っこは嫌い。
くるりとは双子で
くるりに毛づくろいして
あげるなど兄的な存在。

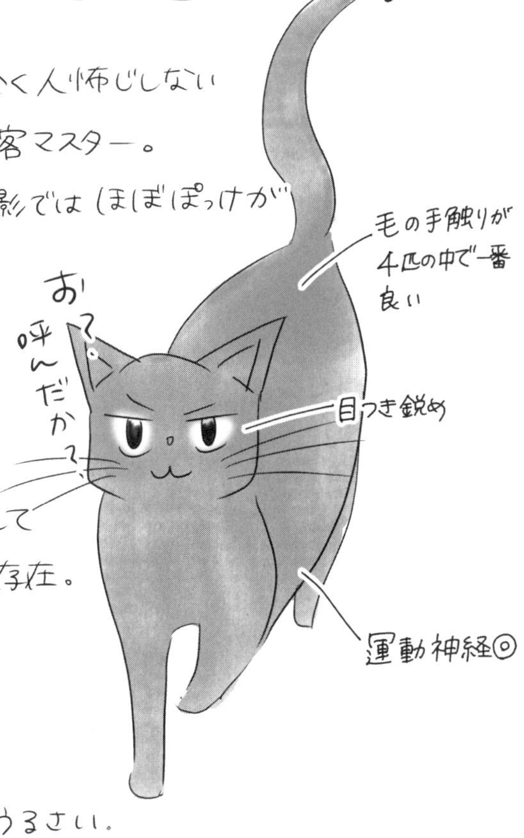
お？呼んだか？
毛の手触りが4匹の中で一番良い
目つき鋭め
運動神経◎

テストに出るPoint

最近いびきがうるさい。
部屋に見知らぬおじさんが寝ている!?と思ったら
ぽっけだった。

第3話　ギャップありすぎ!?　成長ビフォー＆アフター

我が家の猫4匹は全員捨て猫

内3匹は我が家の庭で保護された

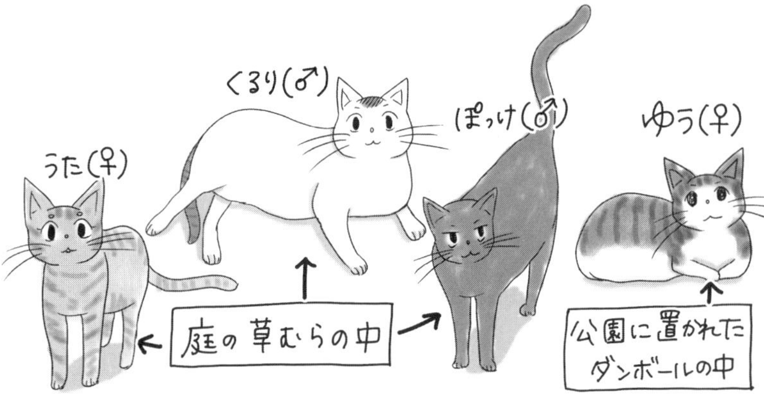

最近たぬー
うちの庭で
子育てしているね
たぬー
庭によく来るノラ猫
たぬき似なので「たぬー」
それがさ
ちょっと足が変な子が
いるんだよね
え…？
生まれたばかりのうたは
足を怪我していて
子猫の群れにも入れずにいた
あのまま
いったら
あの子
まずいんじゃ…
……
…よし
母猫には悪いけれど、
うたは我が家で引き取ることに
しょっぱな捕獲に失敗し
夫の車のボンネットの中に
逃げこまれる
……
怖クナイヨ～
大丈夫ヨ～
にじり
にじり
かり出された夫
1時間程待ち、出てきたところを
捕獲するも…
ジャ
思いっきり 噛まれる
ギャー
ガブッ
動物病院には
僕が行くから
君は早く
自分の病院に！
ううう…
無念…
わーっっ

いやー今日は
お疲れ様でした
子猫は?
後ろ足が複雑骨折していたから1ヶ月間の入院だって
そうそう
病院の先生たち子猫のことバスタオルに包んで摑《つか》んでたよ
その手があったかっー、
ガーン
あと名前聞かれたからこだぬきにしといたよ
たぬーの子どもだからね
定禅寺動物病院
ゆるり こだぬき ちゃん
No.11190
バーン
え!?本気!?
女の子なの?男の子なの?
女の子だそうです!
女の子なのにその名前かよ!
そんな変かなー?
病院の看護師さんにも「え?」って顔されたんだけど…
え?
マジで?
でしょうね
お母さんなんかいい名前ない?
うーん…

茶色だから…
茶坊主?
!?
…お、女の子っつってんじゃん!
えーだって可愛くない?
あだ名はチャーボーなの
ないわ!
……あっ!
…ヤバいな、僕良いの思いついちゃった…
これはもう決まったで…
ガブちゃん
いったい何事?!
まいちゃんのことガブッと噛んだでしょ?で、ガブリエルで
すごくいいでしょ
でも長いからガブちゃん!
そうだ…この人たちネーミングセンスが皆無だったんだっけ…
あ!あの猫すごく俊敏だ!
命名 俊《しゅん》敏《びん》太《た》
なんで名字まで…
あら柄がはちゃめちゃね
命名 はちゃめちゃ
それもうただの悪口だよ…

…うたにしよう?
えー! ガブちゃんは!?
…茶坊主
うたでいくわ
くんくん
いやーん
どうもゆるりです お世話になっております!
先ほどの子ねこの名前を 変更… あ、そうです 「こだぬき」ちゃんから 変更したいんです
半ば強引に名前を決めた私
1ヶ月後…
切断一歩手前とまで言われていた後ろ足は、奇跡的な回復により切断をまぬがれ
こだぬき改めうたは元気な姿となって帰ってきた
後ろ足は少し曲がっているけど元気になって帰ってきてよかった~
でも遺伝子の不思議だよね
微妙にたぬー似ではあるんだけど…
なんかこう… いいところだけ持っていったというか…
娘
母
でも大きくなったらとたんにたぬーに似だしたりして
……
ププッ

Before
まあね
猫ってある程度成長すると
After
ふてぶてしくなる子
いるもんね
……くるりの
このふてぶてしさは
チャームポイントだから！
ぎゅむっ
そうですよ～
お母さん
くるりはふてぶてしい
というより
ただのおデブちゃん
なんですよ～
フォロー
フォロー
下手くそか…
そんな心配をしていた
私たちでしたが
まったく
失礼しちゃう!!
今のところ
まだまだ可愛さは
キープしているうたさん
なのでした

ゆるり家猫名鑑

File 3：ゆるりうた（女）

猫種：ミックス　毛種：キジトラ

2014年7月生まれ　体重：3.8kg

とにかくかわいい容姿をしていて、
ゆるり家のアイドル的存在。
でも性格はキツい。（しかしそこもまたいい）
ビビりな部分もあり、来客があると
ベッドの中の奥深くにもぐり込むため、
来客の中で彼女の姿を
見た者はいない。
一番すばしっこいので
つかまえるのが大変。

たれ目&まろ眉
しゃがれ声でも
心はアイドルだよ☆
細ーく長ーいしっぽ!!

テストに出るPoint

場末のスナックのママのような声の
持ち主である。

第４話……かわいそうなほど存在感がない猫「ゆう」

くるりとぽっけと
うたは首輪に鈴が
付いてないんだけど
どこにいるかは
だいたい分かるのね
くるりはでかいからでは…
ゆうは鈴付き
なんだけど
どこにいるか
全っ然わかんないの
チリーン…
カーテンの後ろとか
存在感が全然ないから
家のどこかに隠れちゃうと
探すのが大変でさ
ゆうどこーー?
ゆうーー?
鈴付いてないと
軽く行方不明に
なっちゃうんだよ
この前もさー
営業の人が
うちに来たんだけど
あ…!
ぬっ
←ぽっけ
で…でかい
猫ちゃんですね…
あらそうですか?

ぬっ
くるり
うわぁ…！
も…もっと
でかい猫ちゃん
ですね…
お？
ごめんなさい
猫苦手ですか？
い…いえ…！
すささささ
じゃ…じゃあ私は
この辺で…！
あ！はい！
パタン…
最後だいぶ
巻いたね
言えないよね
営業先で
猫嫌いなんて
まあ…
ずっと
あの人の横に
もう一匹
いたんだけどね…
ぬーーん
※ずっとイスの下にいた

なんてことがあってさぁ
すごいねそれ全然気がつかなかったんだ
かわいそうじゃん！
んーでも本人はそれでいいみたいで
人にも他の猫にも全然興味ないみたいだしね…
わたしはただただ平和な暮らしがしたいので
できればわたしに関わらないでください
私、ゆうが何かとじゃれてる姿とか見たことないもん
自己主張もあんまりしなくてさ
開けて欲しいドアがあると他の猫は
【くるりの場合】自力で開けるか開くまで延々大音量で鳴く
ニャー
ニャャャー
【ぽっけの場合】開けるまで延々ドアをカリカリし続ける
カリカリカリカリ
【うたの場合】少し鳴いてそれでもダメなら自力で開ける
ぷらーん
…ってやるんだけど

ゆうの場合開くまで
ず――――っと
ドアの前で座って
待ってんだよね
ゆう!お願い!
声かけて!
だから部屋の中に
入っていると
待ってること
全然気がつかなくて
気づいた頃には
ほんのり床が
あったかく
なってんだよ
あ…
お願い!
もう誰か気づいて
やって!
かすかな
ぬくもりを
かんじます…
でも存在感ない猫って
飼ってて楽しいの?
私犬派だからかなぁ
え?でも母親に
だけはすごく
慣れてて
毎朝、母親が
お風呂上がりの時だけ
異常に甘えるらしいよ
私は見たこと
ないんだけど…
ホカ
ホカ
それが済んだら
あとは通常仕様に
なるみたいだけど
一日数分間の
デレのみ!?
やだよー!
もっとぐいぐい
来いよー
いやーそれ
逆にいいよ…
ぐいぐい
ぐいぐい

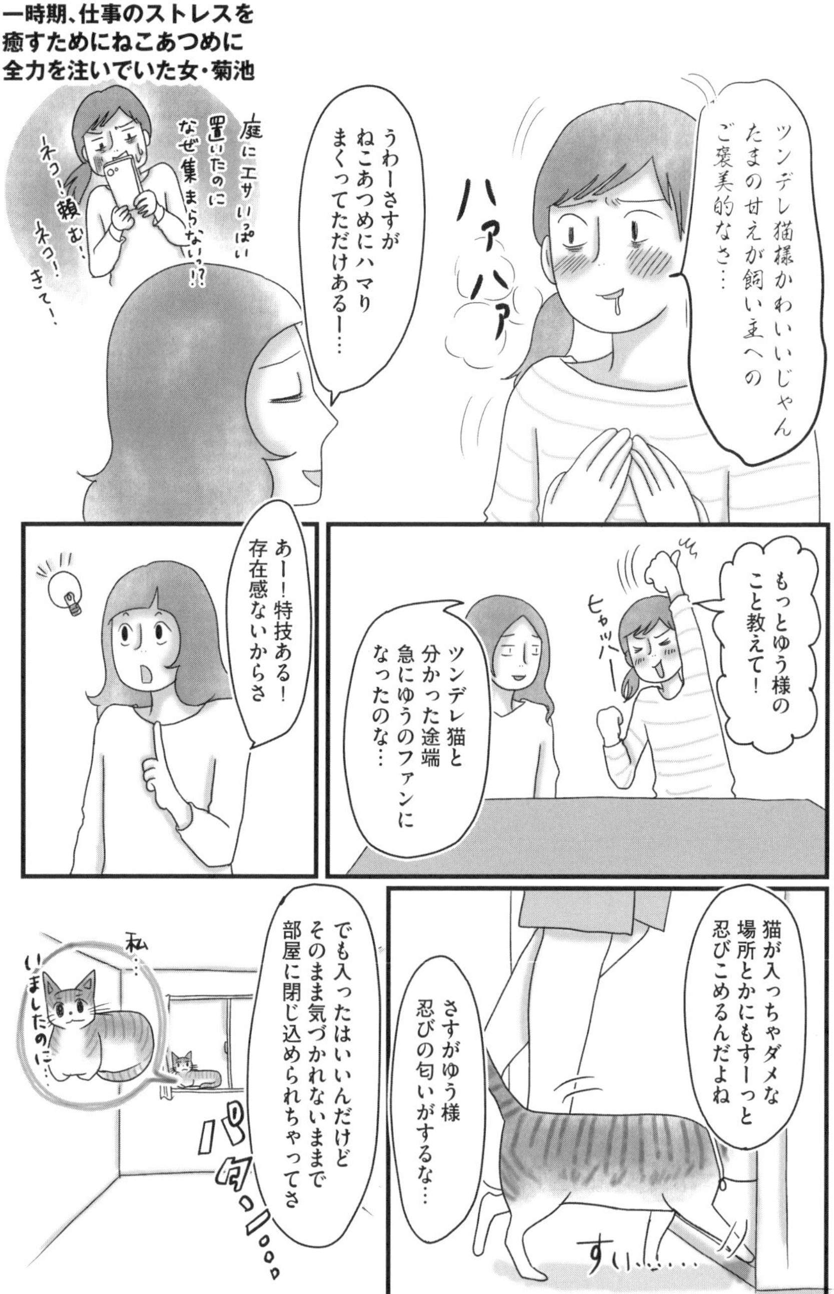
ツンデレ猫様かわいいじゃん
たまの甘えが飼い主への
ご褒美的なさ…
ハァハァ
うわーさすが
ねこあつめにハマり
まくってただけあるー…
一時期、仕事のストレスを
癒すためにねこあつめに
全力を注いでいた女・菊池
庭にエサいっぱい
置いたのに
なぜ集まらないっ!?
ネコー! 頼むー!
ネコー! きてー!
もっとゆう様の
こと教えて!
ヒャッハー
ツンデレ猫と
分かった途端
急にゆうのファンに
なったのな…
あー! 特技ある!
存在感ないからさ
猫が入っちゃダメな
場所とかにもすーっと
忍びこめるんだよね
さすがゆう様
忍びの匂いがするな…
すい…
でも入ったはいいんだけど
そのまま気づかれないままで
部屋に閉じ込められちゃってさ
パタン
私…
いましたのに…

あと元々そこにいたのに
気がつかなくて
収納の扉閉めちゃったりして
ススス
……
想像通りだよ！
下手したら2時間ぐらい
誰も気がつかなくて
ハッ！ゆうがいない！
やっと気がついて
探すのね
あっ!! そういえば!!
他の猫は
閉じ込められたら
大声で鳴くか、
それでもダメなら
諦めてその場所で
ふて寝するんだけどさ
…まさか…
ゆうはやっぱり開くまで
ず――――っと
ドアの前で座って
待ってんだよね
ぬ――ん
だからお願い！
声かけて!!!
うぉ～ん

ゆるり家猫名鑑

File4：ゆるり ゆう（女）

猫種：ミックス　毛種：キジシロ

2004年6月生まれ　体重：4.2kg

目がでっかい
平穏に
暮らしたい
短めのしっぽ
若干足も短い

一日中、母ふみの部屋で寝ていてほとんど動かないおばあちゃん。母にしかなつかず、基本ドライ。

とても体重が軽いのでくるぽけを抱っこした後でゆうを抱き上げると腰がおかしくなる。

テストに出るPoint

夜中に突然走り出し、誰もいないトコロで犬の遠吠えのような野太く低い声で鳴く。
（が、見に行くと即行やめる）

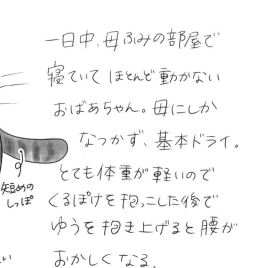

第５話　「男子って不潔でガサツで大嫌い！」
男子VS女子

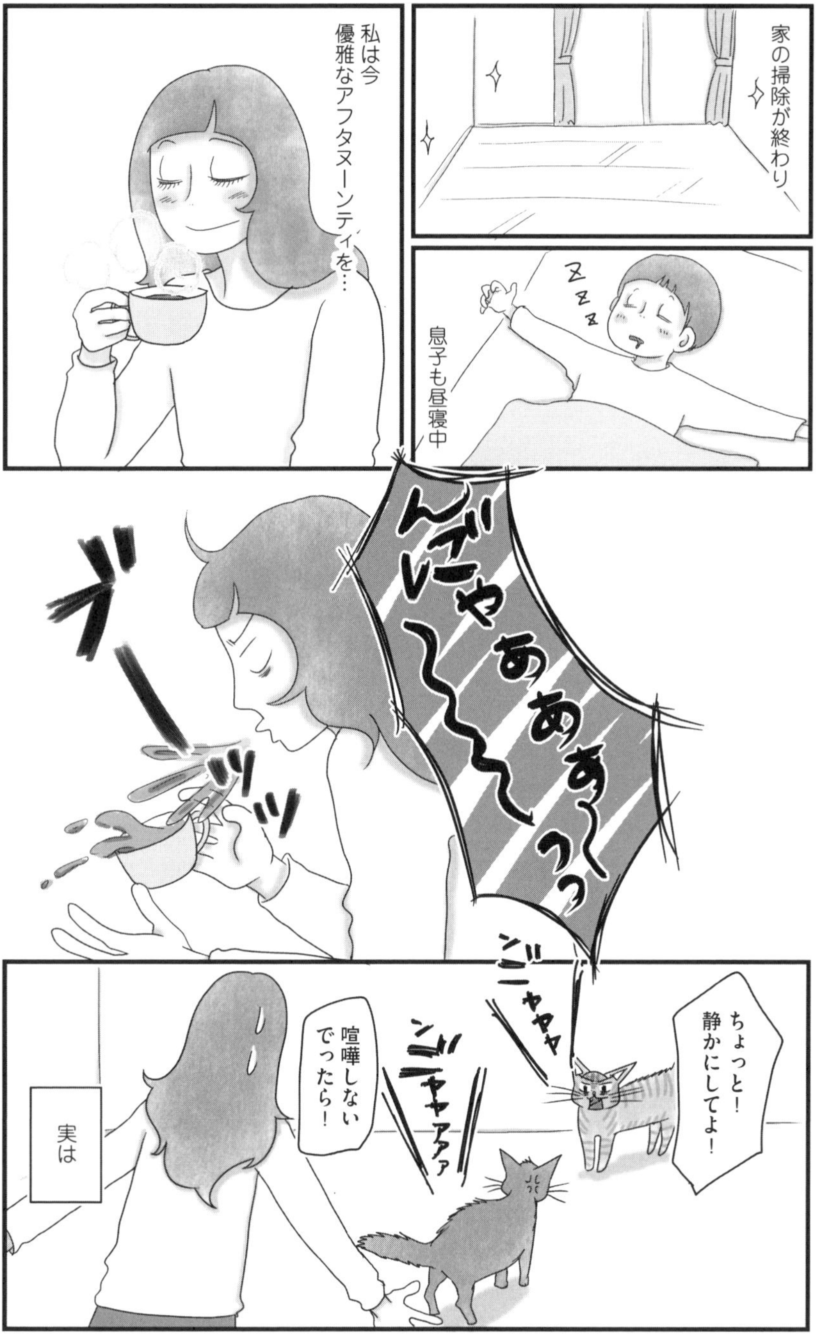

我が家の猫たちには
ゆう
ぽっけ
大っ嫌い
好奇心で近づく
仲良し兄弟
嫌い
苦手
じゃれ合い仲間
好き
まぁ好き
興味ない
苦手
うた
くるり
Team女子
Team男子
派閥がある
さかのぼること12年前
ゆうがやってきた頃のこと
母：ふみ
弱ってたから
拾ってきちゃった…！
我が家には先代の猫
〝ケンちゃん〟がいて
その子はとてもよく
母に懐いていた
享年16歳と長生きだった
それが羨ましかった私は
私がこの子の世話します！
しかし現実は実に残酷で…
大きくなるにつれて
ゆうは母のもとへ
寝ずにミルクをあげたのは私だったのに！
飼育疲れによるクマ

もう猫なんて飼わない…
涙の決意
しかし それから数年後
また弱ってるの見つけてきちゃった…!
また!?
しかも2匹!!
ミィ
ミィ
くるり
ぽっけ
わ、わ、私が この子たちの お母さんになる!
キューン
2匹の可愛さに あっけなく落ちた私
もう猫なんて飼わない なんて言わないよ 絶対〜
フンフン フンフン フ〜ン
相性が良かったのか その後も2匹は私とべったりに
これよ!これが したかったのよ!
じ〜ん

しかし…小さい頃あまり接触しなかったせいでゆうはくるぽけが大嫌いに…
シャーーー
まるで思春期の中学生のよう
男子って不潔でガサツで大嫌い!
ゆう
くるり
ぽっけ
ガーン…
う…うるせぇな女子は黙ってろよ!
チームふみ
チームまい
完全に派閥ができた瞬間だった
その数年後うたが家にやってくると
くるりとぽっけがうたを嫌がったので
うへぇ~
若い子怖ぁ~
うたはチームふみに所属が決まり
入ってくれてありがとう一人じゃ少し心細くてね
うた
せんぱい!あたしがんばります!
中学デビュー前
困ったねぇ…あっちも2人になっちゃった…
いや…俺たち体がでかいから1.5人×2で3人分はいけるはず…
1対2でチームふみが不利だったのが、うたが加わって力関係が対等になった
なので
ずっしり
4匹が一緒に仲良くしている姿はまず見られない
2匹ずつならある。

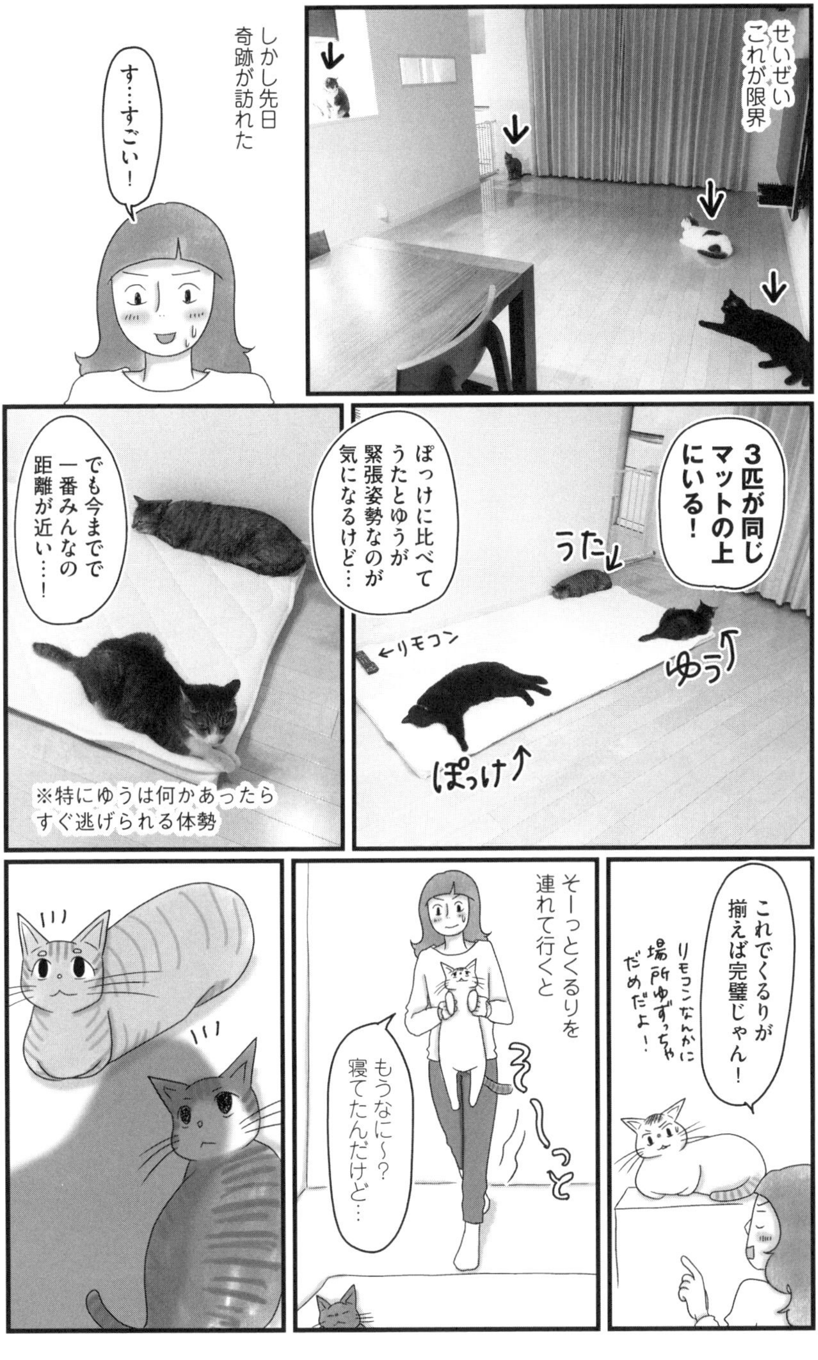

せいぜい
これが限界
しかし先日
奇跡が訪れた
す…すごい！
3匹が同じ
マットの上
にいる！
うた
ゆう
ぽっけ
←リモコン
ぽっけに比べて
うたとゆうが
緊張姿勢なのが
気になるけど…
でも今までで
一番みんなの
距離が近い…！
※特にゆうは何かあったら
すぐ逃げられる体勢
これでくるりが
揃えば完璧じゃん！
リモコンなんかに
場所ゆずっちゃ
だめだよ！
そーっとくるりを
連れて行くと
そ〜っと
もうなに〜？
寝てたんだけど…

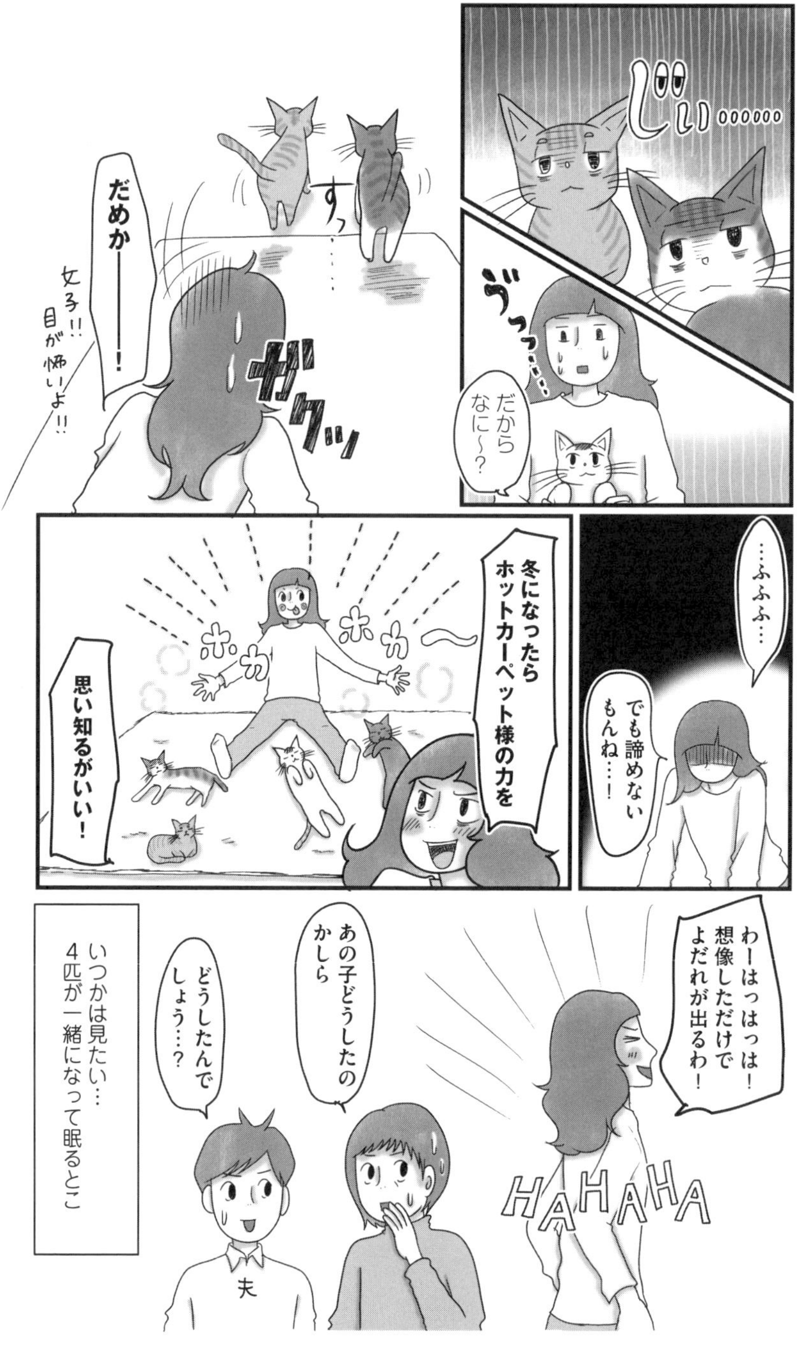
じぃ……
ゔっ……
だから なに〜？
すっ
ガクッ
だめか――――！
女子!! 目が怖いよ!!
…ふふふ…
でも諦めないもんね…！
冬になったらホットカーペット様の力を
ホカホカ〜
思い知るがいい！
わーはっはっは！ 想像しただけでよだれが出るわ！
HAHAHA
あの子どうしたのかしら
どうしたんでしょう…？
夫
いつかは見たい… 4匹が一緒になって眠るとこ

第６話　うちの子に比べて、おたくのお嬢さんったら…

くるぽけがなってるところ見たことないよ！
だってくるぽけちゃんたち…
うちの子たちに比べたらおデブちゃんだもの
ぽっけ
……
くるり
デ、デブじゃないし!!
いや、まいちゃんデブはデブだよそれは認めよう
そんな！つとむくんまで！
じゃあまあ100歩ゆずってデブだとしても、私はほんのちょっと(行き過ぎた)ぽっちゃりだと思っているけど、いやまぁ確かにおたくの子に比べたらデブな可能性は否定できないけど、そうハッキリ言われると若干イラつくというか
あ〜らごめんなさいね〜
前回、猫たちに派閥があるというお話をしたのだが、それは飼い主である私たちにもある話であって
やっぱり正直なところ自分の猫が一番かわいい
ゆう
ぽっけ
大っ嫌い
好奇心で近づく
まぁ好き
好き
仲良し兄弟
嫌い
苦手
じゃれ合い仲間
興味ない
苦手
うた
くるり
Team女子
Team男子
リーダーふみ
リーダーまい

くるりとぽっけは私にべったりで
とにかくかわいいし
ぎゅ
ぎゅ
ぎゅ～
まいちゃんがべったりなんじゃ…
反対にゆうとうたは私とちょっと距離を置いている気がする
バァ
……
別にいいけどね
きっとうちの子たちも母親には距離を置いているはずだし
ン二ャァァ～
え？
ニャァ～
ニャァ～
ニャリ
ちょっと待ってよ！くるり！あんた誰でもいいわけ!?
にゃぁぁぁぁあん
やめてよぉ～くるりの飼い主さんにヤキモチ焼かれちゃうからぁ～
母ふみはなぜか猫に好かれる
マタタビの粉でも体にふりかけてんじゃないの？
サラサラサラ
んなわけないでしょ！

猫って
えへ♡
家の中で一番権力がある人に懐くんじゃないですっけ?
抗えない権力
母
つとむ
あっくん
まい
ゴゴゴゴゴ…
…た、確かに…!
いや…違うもん…
私の育て方が良かったんだもん…
誰にでも懐く素直な子に育てたんだもん…
ぐりぐり
え……
ちょっと嫌……
ふさふさ
猫は世渡り上手なのかもしれない
ちなみに我が家では寝る場所も食べる場所もトイレも全てチーム別にしてある
チームふみ
◆拠点:母の部屋
◆ゴハンは1日2回ドカッと入れておくと少しずつ食べる
高齢猫用ドライフード
ふつうのドライフード
チームまい
◆拠点:私の部屋
◆ゴハンはあげたらあげただけ食べてしまうので超小分けにして1日5回くらい
太りやすい猫用ドライフード(ダイエット食)
だけど…
にゃ~~
ご飯くれ~
えーさっきあげたばっかじゃん

ん？あれ？もうない？
おっかしいなぁ…？
カラッ
数日後
にゃ〜〜
ご飯くれ〜
また？
ん？待てよ…？
まさか…
くるぽけのご飯場をのぞいてみると…
そこには
ガツッ
ガツッ
ガツッ
普段は少食なゆうとうたがガツガツ食べる姿があった
やっぱり！君たちが食べてたのか！
ビクッ
なんでー!? 部屋にゴハン残ってるよ！
こっちのゴハンの味の方が好きなのかな？
じゃあ試しに少しあげるよ
おデブちゃん
専用

しかし…
あのゴハン部屋であげると大して食べないんだよね…
そうなの!?まぁ確かにダイエット食だからそんなに美味しくはないと思うよ…
おデブちゃん専用カリカリ
よくよく観察してみるとどうやら彼女たちは水もよく飲んでいくようで…
おたくのお嬢さんたちうちで水まで飲んでいくんですけど
まぁ!ごめんなさいね
ぴちゃぴちゃ
あらーいいのよぉ おたくのうたちゃんなんかうちの子が食べようとしているゴハンのお皿をズイッと奪って食べちゃうけど全然いいのよ〜!
ズイッ
えっ? えっ? なにっ?
あらいやだわ!ごめんなさいね!
じゃあこの前おたくのお坊ちゃんたちがこっちの部屋でいたずらして猫の置き物割ったことはチャラにしてあげるわね!
ヒャッ
ガッシャーン
うっ… そ、そ、そうね!チャラにしてちょうだい!
じゃあ私も大事なカゴでつめとぎされた事チャラにしちゃうっ♡
あら!ちなみに壊された置き物遠野で買ったお気に入りだったんだけどいいわよ〜♡
オホホホホホホ
そんな私たちを知ってか知らずか
なにあれ怖い……
おいしい…
くるぽけのお皿で食べるとなぜかおいしい…
ガツガツ
ガツガツ
猫たちは今日も相手のゴハンを味見中
猫でもきっと隣の芝生は青く見えるに違いない

第７話　なんて健気…！　１歳児に気を遣う猫

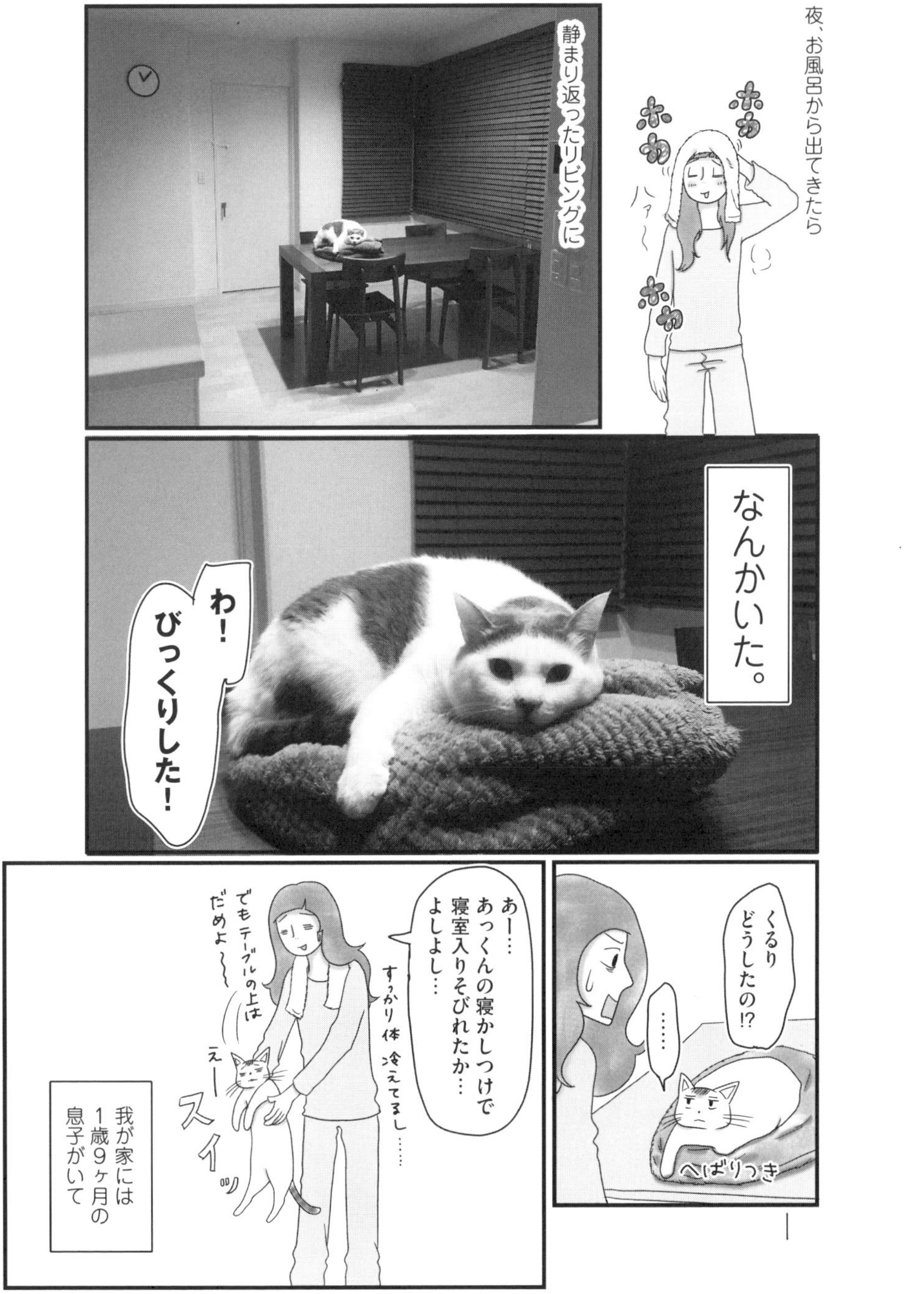

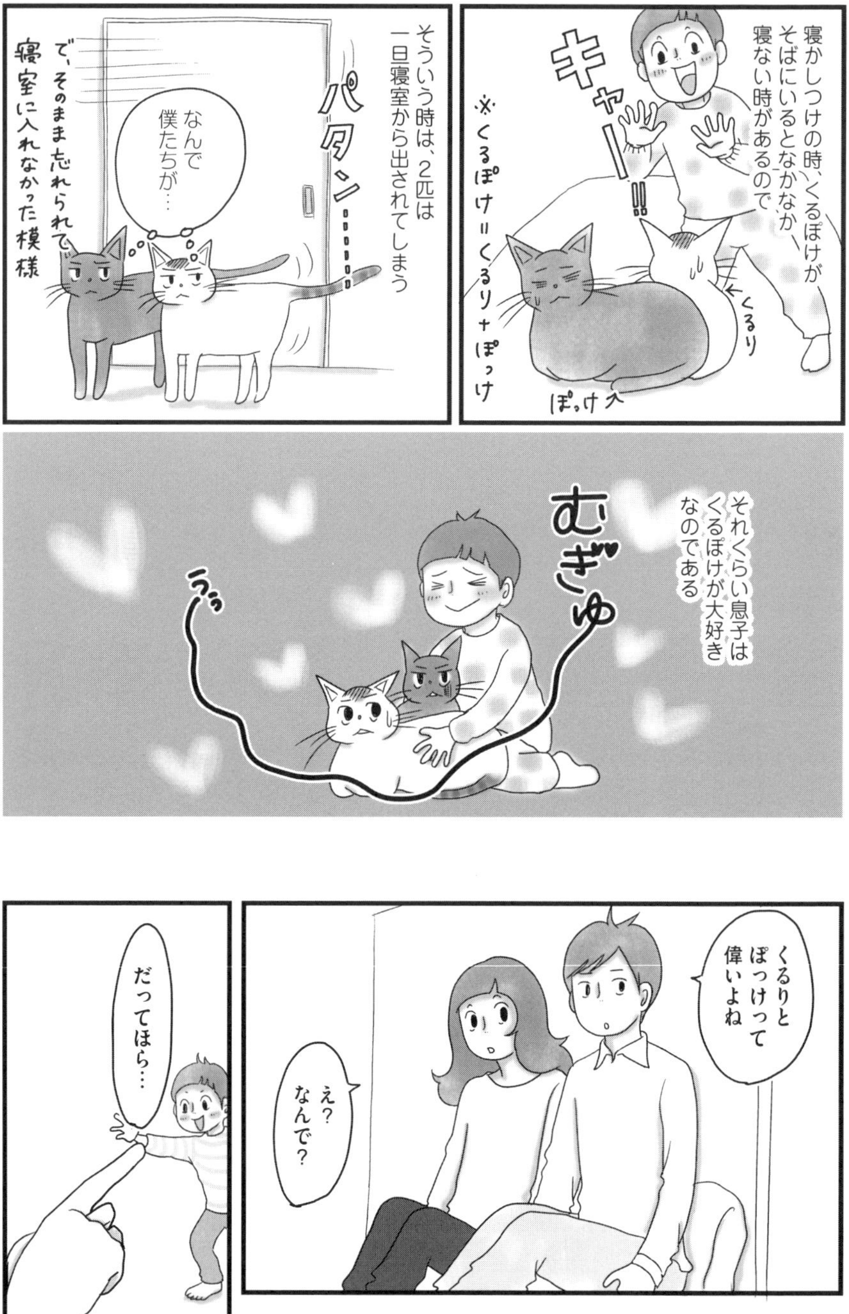

寝かしつけの時、くるぽけがそばにいるとなかなか寝ない時があるので
キャー!!
※くるぽけ＝くるり＋ぽっけ
くるり
ぽっけ
そういう時は、2匹は一旦寝室から出されてしまう
パタン……
なんで僕たちが…
で、そのまま忘れられて寝室に入れなかった模様
それくらい息子はくるぽけが大好きなのである
むぎゅ
うぅ
くるりとぽっけって偉いよね
え？なんで？
だってほら…

上に乗られても怒らないもん
本当だ…
どころか寝たまま……
こら!!くるり痛い痛いでしょ!!
いやぁぁぁ
ほっ…
2匹はとても辛抱強い
首輪を突然取られても
ブチッ
……
ひっぱるとすぐ外れるタイプの首輪
ぐりぐりベタベタ撫でられても
ぎゅむ ぎゅむ ぎゅむ ぎゅむ ぎゅむ ぎゅむ ぎゅむ
……
隣で大声で泣かれても
ギャー ギャー
……
背中に積み木を並べられても
……
絶対に怒らない
というわけで日頃の感謝の気持ちを込めて
最近遊んであげられてないから
久々に遊ぶぞ!
キラーン

くるりとぽっけは遊び方がハード
片方が飛びかかっている間はもう片方がちゃんと待機するのが2匹の間のルールらしい
猫じゃらしを見ると我を忘れて大ハッスル
特にくるりは巨体を揺らし飛びかかってくるのでダンプカーを彷彿《ほうふつ》とさせる
ママぁ〜
(僕もやりたい)
え！あっくんも？
じゃあ…ちょっとだけだよ
え！
わくわくわくわく
ふら〜

まったり……
動きがとてもゆっくり
ゆら～ゆよ～
…あ
明らかに…
猫たちが気を遣っている…！
あっくんちょっと貸して～
待たせたな
待ってました
バッ！
ササッ
ブォンッ
ママぁ～！
おぉ…ごめんごめん

ふんっ
ああ～…
もどかしい…
チョイ
チョイ
なんかあれに似てるね
…接待ゴルフ…
よ！社長！
ナイスショット！
ナイスミドル!!
!!
まぁケガさせるわけにはいかないしさ
泣くとこの子長いんだよ大変なんだ
猫に気を遣わせる1歳児なのであった

第8話 魔性の猫くるりの逆襲

名前を最初に言えるようになったのもくるりだし
くぅ〜 くぅ〜たぁ〜
(くぅーちゃーん)
なでなでするのが多いのもくるりだし
朝起きて最初に探すのもくるり
ママぁ〜 くーいなーい
なんでなんだろう 魔性の猫なのかしら…
……
我が猫ながら怖いわ…
僕はっ…
僕はぽっけが大好きだから!
それだけは忘れないでね! ぽっけ!
い…いない?!
腹減ったなぁ まだごはん残ってっかなぁ?
しかし最近困ったことが…

くるりと遊んでいてテンションが上がってしまうと、
ボディプレスをするようになってしまったのだ
最近私たちにするようになったから困ってたけど猫にまでするとは…
でも猫っていってもくるりにしかしないんだよ
じゃあ体の安定感で見分けているってこと？
安定感 有
安定感 無
あ…！
きゃー
くるり危ない！
ドーンッ
こら!!
ビクッ

それやっちゃダメ
だって言ってるでしょ！
ホッ
くるりイタイイタイで
あっくんのこと嫌いに
なっちゃうよ！
びぇぇぇぇえん
ブワッ
ほら、あっくん
くるりにごめんなさい
して？
えぇ〜〜〜〜
う…くぅーたぁ…
ペコペコ
はぁ…
まぁいいけど…
はい、くーちゃんも
いいよだって
〝なかよし〟は？
スリスリ
なかよし〜
とりあえず
背中拭いて
ほしい…
なみだ
ベチョ
しかしやられて
ばかりのくるり
ではなかった
最近の息子のマイブームは
積み木を積むこと

すごいねぇ! あっくん
ふぅ〜
今までで一番高く積めたんじゃない?
パチパチ
ぐら
しゅごーい! しゅごいねー!! かっくいー!
パチパチ
ぐら
そこへ…
ぬっ
にゃあ〜
あ…くるり…
嫌な予感…
ふり
ふり
にゃあああん
にっこり
ドンッ

カターン
カタ
カタ
オレの…
ギリィ
オレの…
サグラダファミリアがぁぁぁぁぁぁぁ!!!!
ああああああ
最近のくるりのマイブームは
どうやら積み木を崩すこと
にゃぁぁぁぁぁぁあん
くるちゃん…
せめて一日一回にしてやってね
びゃあああああああ
くぅたぁー
いやぁぁぁ
泣くなよ…
意図的にやっている
のかはわからないが
積み木で遊んでいると
高確率で倒しに来る
くるりなのだった

第９話　なんじゃこりゃー！１歳児と猫２匹がやらかしたいたずらに絶句

ゆうはまぁまぁ近づくけど
うたはあんまり近づかない
それどころか息子が突然動き出すと
バッ!!
ピュー
?
びっくりして文字通り飛び上がって逃げる
だから必然的に息子のくるぽけへの愛情が増すのかもしれない
好
好
そんな中
ハァー
最近の私の悩み
息子が生まれてから
どうしてもくるりとぽっけとの濃密な時間が取れないんです!
相談者Yさん（仮名）
プライバシー保護のため一部音声を変えています
以前は私と2匹は
いつも一緒にいた

特にくるりは
←私
←くるり
←ぽっけ
私と一心同体だった…
文字通り
ちょっと迷惑なほど一心同体だったのだ…
それなのに最近は…
にゃー♡
ぬっ
ドドドドドドドドド
きゃー♡
ハッ!!
…やれやれ…
あぁ！せっかくぽっけが甘えてきてくれたのに！

にゃあぁぁん
ぬっ
わぁお！
ドーン
…ぎゃ……！
ドサッ
………
くるり…
ごめん！
こんな状態が結構続いていた
よし！あっくんがまったりし始めたぞ！
まったりー
さっき甘えさせられなかったし存分に2匹を甘えさせよう！
くるっ
さぁ！くるぽけ！

バッ
こっちにくるんだ！
くるりの甘える時用毛布
え…なんで！
行った先は寝ている息子のところ
ぽっけ…
くるり…
なんだかんだあるけどやっぱりくるぽけもあっくんが好きなんだね
…いつも一緒にいてくれてどうもありがとう
仲良きことは美しき哉
じゃあ私はキッチンに移動するか…
……って
くわっ

彼らは仲良し
ライバルにもなるが
時に最強の相棒にだってなってしまうのが

私の最近の一番の悩みなのだった

第１０話 毎晩、寝室で繰り広げられる仁義なき戦い

息子が生まれてから
我が家では毎晩
こうして寝ている
シングルベッド ＋ クイーンベッド
夫
私
息子
くるり
ぽっけ
2匹は夫のベッドで
寝ることが多くなった
夫の方が、体温が高く
なおかつ寝相がいいので
安定した寝床が確保
できるらしい
寝た時とほぼ
変わらない姿勢で
起床するよ
そんなの
どかせば
いいじゃん
ぐいっとさ
ぐいっ
そんなこと
できないよ〜!
だって2匹して
かっわいい顔して
寝てんだよ〜
天使かな?
そんな
鬼みたいなこと
できないよ!
あっそ…
鬼
じゃあそろそろ
ガサゴソガサ
これの登場かな
猫はちょっと小さめの
カゴが大好き
あけびの
脱衣カゴ〜

お！
ベッドの上にカゴ置いたんだ
そう、これ出せばここで寝るかなと思って
お…なんだこれ
今日はここで寝ようかな
気に入ってくれたみたい！
—翌朝
くるぽけどこで寝てるかな?
あ…よかった…
え?!

なんで?!
わ、わかんない…
ガタ ガタ
ぶる ぶる
ガタ ガタ
けど起きたら寒かった…
2匹の重しがなくなり寝返りが打てるようになった反動で布団を下に落としていたのだった…
なんでこの人上手に寝られないんだろう…
布団
2016年冬
あー寒い寒い!
今年も夜はこれでしょう!
湯たんぽ!!
私はヘビー湯たんぽユーザー
湯たんぽなしでは眠れない湯たんぽ中毒なのです。
フンフンフ～ン
フフフンフ～ン
キラーン

さ、寝るぞ～
…って
もう場所
取られている!
ちょこ～
ここの布団の下に湯たんぽ
ちょっと
ちょっと～…
ゴソゴソ
湯たんぽが
遠すぎて
温もり感じ
ないんですけど…
ぐぃーーん
夜もふけて…
ハッ…!
寒い!
なぜ布団が
かかってないの!
ぶる
寝返りで布団がズレた
のに、2匹が重くて
戻せなかったんだ…!
ずっしり

可愛い顔して
スヤスヤ
寝やがって…!
すやり
すやり
すやり
でも…
ふらぁ〜
私は負けない!
私にだって暖かい布団が必要なんだ!
バフッ
ポス……
すく
すく
もそ
もそ
すやぁ
ええ…!?
なんかみんな…
つ、強い…!!
ふがぁぁ
すぴー
すぴー
↑一部始終を見ていた人
寒い夜は暖かさを求めて仁義なき戦いが繰り広げられているのだった

第11話　ダ、ダメ…動きたい！ 我慢できないやっかいな癖

ぐる
ぐる
ぐる
起きなきゃ仕事が間に合わない…
…でも… ……でも…
ぐる
これを断ったらますますくるりとの距離が開いてしまう…
ぐる
あっくんが生まれてから満足に甘えさせてあげられなくてごめんね…
いつもいつも苦労かけてごめんね…
だから私は
くるりをと――るっっ!!
ガバッ
あ…あったけー!
この感じ久しぶり…!
すやぁ…

ってな感じで
寝坊したんだよね…
あらまぁ
ハハハ…笑って下さいよ
しかも起きたらくるりいなかったし…
い・いない……!!
暑くなって早々に布団の上に移動したらしい
でも分かるわ
ゆうちゃんも起きるぞっていうと布団に入ってくる時あるから
揺り
揺り
どうやら我が家は猫と人間のタイミングが合わないらしい
＊ちなみにうたは布団の中にはあまり入らず上で寝ている
そして困ったことに
私にはある厄介な癖があって…
にゃあああ
お、甘えっ子タイムかい？
もぞもぞ
トスンッ
す

ダ、ダメ…
ぷるぷる
動きたい…！
私には動いちゃダメな時ほど動きたくなってしまう癖があるらしい
でも我慢しなきゃ…これで動いたらかわいそう
にゃあああ
ぽ、ぽっけ…
コテン
マ、マ、マジすか ぽっけ先生！
ぽっけが甘えるなんて貴重なのに…
動いちゃいけないと思えば思うほど
動きたい…！
ああああー
声にならない叫び
バタ
バタ
バタ
バタ
それどころかトイレに行きたい気がしなくもないし
テレビのリモコンが欲しい気もするし
洟《はな》もかみたい…

あと掃除も終わらせておくべきだったな…
犯人
テレビの画面めちゃくちゃ汚いし…掃除したい…
普段気にならないのに皮肉なものね……
以前飼っていた猫は多少動いてもなんなら一旦どかしてまた膝の上に乗せてもそのまま寝ていたけど
せっかくいいポジション見っけたんだから動かないで!!
この子たちはちょっとでもポジションが変わると別のところに移動しちゃうんだよなー…
だから我慢しないと…
ふふ…
…だって動いたら…
最近あの人んところ甘えづらいよね
他の人のところ行こうぜ
って言われてしまう…!
だけどやっぱり
無理!動きたい!
ガバッ!
ニャ!?
イライラ
あぁ～またやってしまったぁ…
ぷいっ
そんな癖を持っている私が唯一長時間だっこし続けられる時がある

それは…
ボツ
ボツ…ボツ
ボツ…
締め切り前の仕事中
やばい 絵が描けない
やばい やばい 間に合わない やばい 終わらない
ぴよこっ
あ…ずれた…
ズイッ
よいしょっと
もう…
はー
どうもどうも
コマンド+Z
この時ばかりは
何時間でも
膝に乗せてくれるんだよな〜
猫様のソファー化する私なのだった。

第１２話　猫を大パニックにさせてしまった息子のお遊び

家に来客があれば
すぐに逃げるし
ピンポーン♫
ダッシュ
大きいゴミ袋のガサガサする
音を聞いただけで飛び上がる
ほどびっくりするし
バサバサ
バッ
大きい物音がすると
とてもおデブとは
思えない瞬発力で隠れる
そんな彼の中で
一番の嫌いなもの
それは…
さかのぼること
4年前
ふぃ〜いいお風呂
でしたわ〜
ガラッ

グループ魂(港カヲルのツノ付)フード付タオル
ギャー!!!!
なんか頭に生えている
くるりのパニック状態にぽっけがつられて
つられパニック
2匹で部屋中駆け回り
バババ
ドタ
結婚祝いでもらったグラスを割られたのだった
テーブルの上に出しっぱなしだった
……そんなにこれが怖かったなんて…
さすがカヲルさん…
ゴクリッ…
どうやらくるりは突拍子もない被り物が大の苦手らしい
それによりしばらくはぬいぐるみ類も一切だめになってしまい
それ以来我が家では突拍子もない被り物とぬいぐるみはNGとなった
←くまもん

しかし月日は流れ……
くるりの心の傷は
癒されたかと思われた
ス…
この男が
現れるまでは
ママぁ〜
おぼーしどうじょ
（帽子どうぞ）！
あら
ありがとう〜
あっくん空前の
帽子ブームだね
そうなの〜！
帽子嫌いで被って
くれないから
あの手この手で
帽子を被る遊びを
してたら帽子ブーム
到来ですよ
お帽子どうぞー
どぉもぉー!!
延々とくりかえす
まぁ…肝心の帽子は被らず
帽子になりそうな変なもの
ばっかり被るんだけどね…
枯葉
三角のつみき
トラックの荷台
ドヤァ
あっくん
カブト作ったよ〜
わぁ〜！

おぼーしだぁ〜!
パァ……!!
ハッ…!
ちょっとだけ
ビクッ
な、なんか かぶっている……?
…くるちゃん 成長したね
…でも へいきー…
怖くなく なったのか?
…ふふ… まあね…
いつまでもこどもじゃ いられないのさ…
ところが…
ママぁ〜
ママぁ〜
ねぇねぇ〜 ママぁ〜
お帽子
ぺた ぺた

どうじょ～
ぎゃ
ぎゃ
パァァァァ♡♡♡
巨大お帽子ィィィ
←くるりには
こう見える?
ゴゴゴゴゴゴ
ぎゃーーー

ぎゃああああああす
ドーン
おーい…
くるりくーん…
その日
ここ
彼はしばらくの間
カーペットの下から出てくることはなく
改めて家の中での突拍子もない被り物は厳禁となった

第13話 夫を寝かせてあげたいけれど…

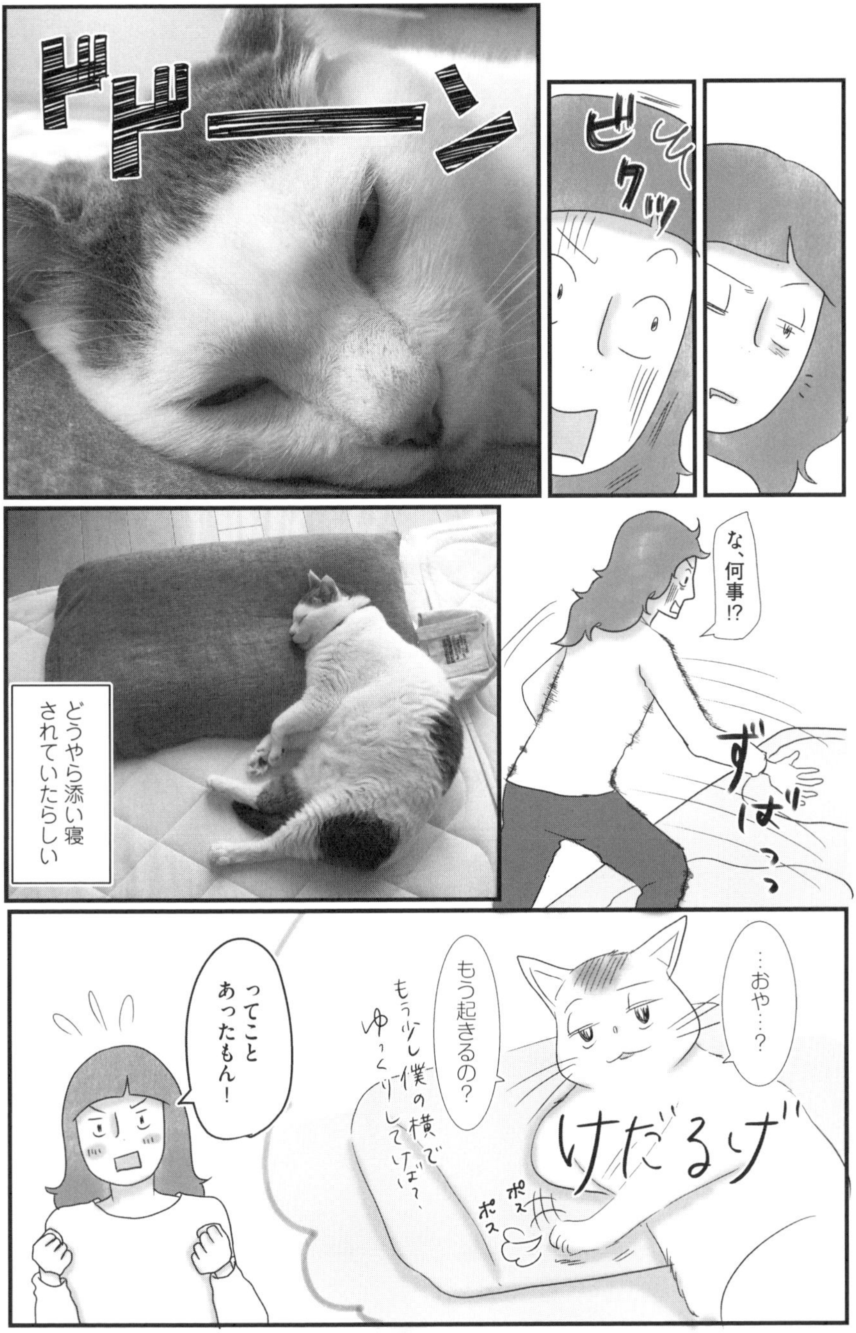
ドドーーン
ビクッ
な、何事!?
ずばっ
どうやら添い寝されていたらしい
…おや…?
もう起きるの?
もう少し僕の横でゆっくりしてけば?
けだるげ
ポスポス
ってことあったもん!

やだ～ くるりくんの どアップ 怖ぁ～い！
イラッ
いいじゃない ですか…
僕なんて この前なにか 威圧感を感じて 起きたら
!?
目の前が
ずーーーむ
ぽっけのお尻 でしたよ…
………
あ…でも そういえば 私も寝てたら…
すよ すよ
あ…なんだか ふわふわするものが 顔に当たるなぁ… 気持ちいいなぁ
そんでもってなんだか 顔に風が当たるなぁ
ふー ふー

……って
ふー
寝息
くるりの顎《あご》かい！
ってことがあったよ！
やだ～鼻息はいや～！
いいじゃないですか…
僕なんかこの前なんか寝苦しくて目が覚めたら
くるりが
重い…
死ぬ…
僕の首の上で寝てましたよ…
…………
そ、そういえば！
まだくるぽけちゃんは湯たんぽ目当てであんたの布団の上で寝てるの!?

……そ、そうなんだよ〜！
はー重い……
だから重くって寝る時大変なんだよ〜！
…………
いいじゃないですか
その結果はみ出たまいちゃんの足が僕のところに進出してきているけど
注 寝られてない
なんとかみんな寝られているのだから
…………

……あの… なんか… その… …ごめんね？
…いいのです
僕はまいちゃん達さえ ぐっすり眠れていれば それでいいのです
パアアアア
…つとむくん…
パンッ
い、いや！ 拝んでないで あんたちゃんと つとむくん 寝かしてあげなさいよ！
ありがたや…
ゲッソリ
つとむは今日も寝られない

第１４話 ⋮ 愛が重すぎるよっ！

トン
トン
トン
トン
トン
タタタタ…
ゴシュ
ゴシュ
さっ
さっ
ぶにっ

た…確かにいつも
そばにいるかも
しんない…
そうか
私って思ってたより
くるぽけに愛されて
いるのかも…
ホク
ホク
しかし
…うん…
私のお買物かご
いる…

いるというか…
カリカリカリカリカリカリ
カリカリカリカ
禁
ガチャ…
ドア開けて入ってきたんですけど!!
ひぃっっ
じろり
……ってこれ監視されているのでは…!?
トイレ中も仕事中も!!
ガガッ
愛が重すぎるよっ!!

それってさー
室温じゃない？
は？
し、室温!?
ガタッ
ガッ
そう あんたのいるとこは あったかいから 一緒に移動したほうが いいんだよ
あんただって 言ってたでしょ 猫は適温の場所を 見つけるのが うまいって
ち、違う！絶対違う！ 私のことが好き だからだもん！
いやーどうだろ 人間のいるところなら 冬は暖かいし 夏は涼しいからな
イラッ
お母さんところの ゆうとうたは ベッドの上で寝たっきり 全然くっついてこないから 嫉妬してるんでしょ！
いーえ！ あの子達は 朝と晩はちゃんと くっついてきます〜！
じゃあお母さんは トイレまでついて 来られたことあんの?!
うわー嫌だわー いくらなんでも トイレまでは嫌ー
ギャー
ギャー

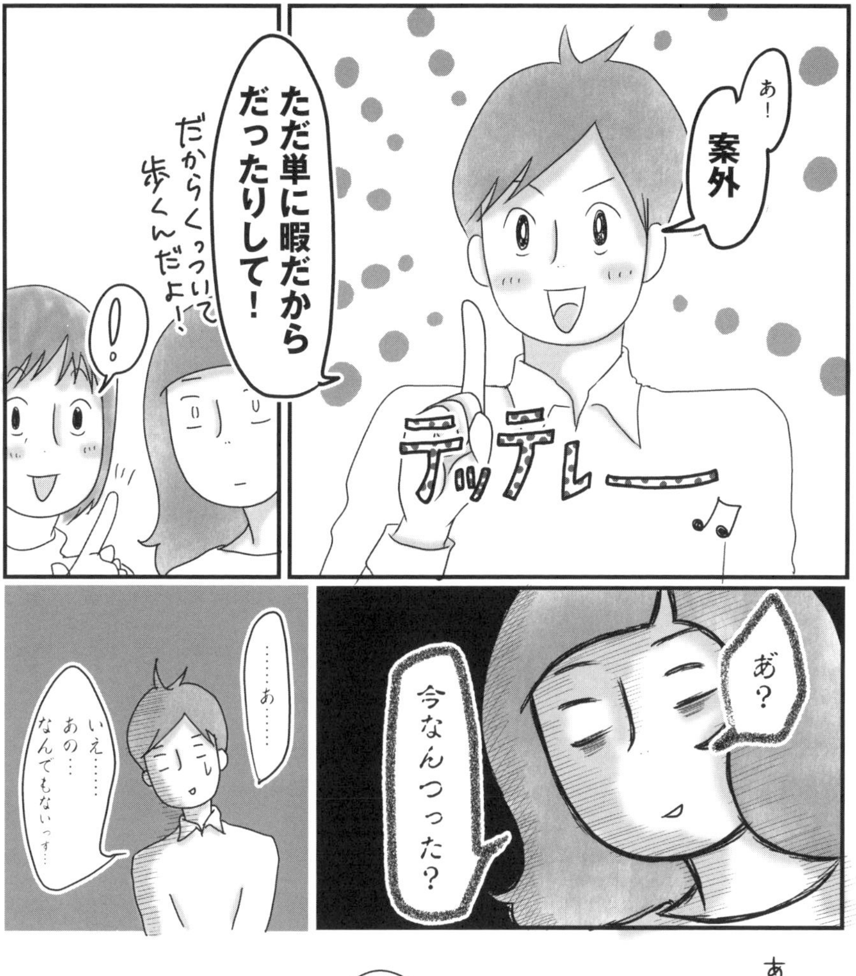
あ！
案外
テッテレー
ただ単に暇だから
だったりして！
だからくっっついて
歩くんだよ！
！
あ？
今なんつった？
……あ……
いえ……
あの…
なんでもないっす…
あー猫に愛され過ぎて
大変だわ本っっっ当
私は室温だと思うな―
面倒だから
余計なことは
言わないようにしよう
こくり
真実は猫のみぞ知る

第１５話　妻はずるい！　ずるすぎる！

まいちゃんは猫使いなんだな
うーむ
おーい聞いてる?
そう純粋に思っていたのです先日までは――
くるり!ぽっけ!おいでー!
しーん
やっぱり僕じゃ来ないや…まいちゃんお願い!
もうしょうがないなぁ~
じゃあよろしく!
すたた
まったく猫も呼べないんじゃ困ったもんだね!
くるりーぽっけーおいでー
ふんすっ
動かないよ~
え!
くるりー!!ぽっけー!!
パタパタ
あ~しっぽだけ返事してるわ

キョロ
キョロ
すう
くるり――!
ぽっけ――!
…………
……ごはん……
超小声
ピクッ
えええええー?!

思いっきり
ガーン
餌で釣っている――!!
ごはーん
ごはんあるよー
よしよし
使わせていただきます
キリッ
ぐっ
なんだよー!そういうことかよ!ずるい!ずるすぎる!
でも…
くるりーぽっけー!おいでー!
あいかわらず無視――

ふふふ…そうだろう
Oh!!OK!OK
くくくく
でも僕はもう昨日までの僕じゃないんだ!
くるりー!ぽっけー!
………ゴハン
サッ…
!
バ
やったー!きたー!
後日
くるー!ぽけー!………ゴハン
シュッ
父さん…やりましたよ…
僕はもう立派な猫使いです…!
じ〜ん…
………

しかし…
くー!ぽー!
おいでー!
しーん
しーん
ごは———ん!
じゅ…呪文が効かないだと…?!
ゴハンだってば!!
おいでー!!
しーん
ごは…
くるー!
ぽっけー!
おいでー!
すっ
シュバッ
なん…だと?!
アンタ…
え…

すっ
アンタ大事なこと忘れてはるわ
カッカッ
カッ
猫とはいえ約束は守らなアカン
くるっ
だ…誰え――――?!
なんでナニワ金融道風なのぉ――!?!
……借りた金はきっちり返さなアカンのと一緒で
ゴハンで釣ったらゴハンをあげな!
猫のゴハン
猫使いになるには信頼関係が重要やで…
し、師匠～…!
私はゴハンで釣らなくても呼べば来るけどな…
→真の猫使い
これがゆるり金融道の極意や!! おぼえとき!!

第１６話 ⋮ 毛が…！　ファッションへのあくなき挑戦

猫の前で揺れるリボンのついた服を着るということは
ふり
ふ
猫じゃらしや羽根を体につけていることと一緒である
だって可愛かったんだもん!
前だってファーついた服着て逃げ回ってたじゃん…
我が家の猫はもふもふのファーも好き
ギャー
フェイクファーだろうと見つけるとダッシュでやってくる
鬼よ鬼がいるわ
もみもみもみもみもみもみもみもみ
もみもみもみもみもみ
もみもみもみもみもみもみ
もみもみもみもみもみ
すごい…真剣だ…
もみ
ふんっ
もみもみもみ

真剣さが爪にも現れてて…服に小さな穴が…
かかりにくくてごめんなさい……
でも服の素材が綿だったら大丈夫洗濯すれば目が詰まって目立たなくなります
しかしシフォン素材の服は要注意
よいしょっと!
ぎゃっ!
ドンッ
ビリッ
シュタッ
や…やられた…!
この素材は穴が開いたら最後
補修も難しいしね……
そしてなんといっても一番の問題は〝毛〟
うちの店によく来るお客様でね
ちょっと怖い感じの人がいて最初は少し緊張してたんだけどさ
よくよく見たらさいつも服に毛がびっしりついてて!
※イメージ

どうやら洋種の猫ちゃんの毛なんだよ！そしたらなんだかときめいちゃってさ！
さぁアタシを抱くのです
もぉー毛がつくだろうがぁ!!
あー！いいねギャップ的な？
……わかるわぁ…
動物の毛って取れないんですよね…
特に猫の毛はね…
え…わかるってそっちの意味で？
あんまり触らせてくれないのに毛だけはつくのよね…なんでだろうね…
猫1匹＆犬1匹飼っている
猫飼いにとって飼い猫の毛は切っても切れない仲である
ねぇねぇ
これどう思う？買おうかなと思って
やめといたほうがいいよ
え！似合わない？

ううん
そうじゃないん
だけど
それさ…
猫の毛がすごく
目立つ素材だよ
…やめておこう…
【猫飼いの特技】
猫の毛が目立つ素材と
目立たない素材が瞬時に
見分けられるようになる
うちの猫は4匹
そのうちよく接する
猫は白と黒
白の服は黒い毛が
目立つし
黒い服は白い毛が
目立つ
徹底的に体から猫の毛を除去する
ことは不可能なので、共存しても
目立たない服を選ぶようになった
結果
たどり着いた
色はグレー
ここ
単色のグレーより2色ぐらいの糸で
織られた生地だと、なお猫の毛が
目立たなくていい
↑こんなかんじの

そして気がつくと全身灰色のネズミ女がそこに…
グレーはグレーでもアイテム別にトーンを変えているのよ
ファッションとは…
これは撮る価値ないな
あ!
んぁ?
まいちゃんの髪にくるりの…
…毛じゃない!くるりの毛じゃない!
白髪だ!白髪!白髪だよ!白髪だってば!まいちゃん!
………
しみじみ…
…そうかぁ…まいちゃんもとうとう白髪かぁ…
…まぁもう出会って10年ですから…31歳ですし…
ほら服には猫の毛あったよ…
猫飼いは今日もどこかに猫の毛をつけている

第１７話……なぜそこに!? 突拍子もない行動をとる猫たち

どうしよう…
すごく邪魔だ…
でもぽっけはどちらかと言えばカゴの中に入っている方が好き
カゴを出すと百発百中カゴに入るカゴ猫である
ぎゃーー！
ビクッ
なによ！朝っぱらから！
…トビラを開けたら…！
は!?
2つの光る眼を持つ黒い何かが！
ピメーン
……ぽっけだし…
びっくりするからやめてー！
黒いので、暗いところで寝ていると気づきにくくぬっと出てくるのでビビる

お母さんのとこのゆうとうたは面白い行動ってしないですね
そうねぇ誰かさんのところのおデブちゃんみたいにびよーんと伸びたりはしないね
ふん
なんて漫画のネタにしにくい猫なんだろっ！
あ、でもゆうちゃんは
僕が朝洗面所に行くと高確率で洗面台の中にいますね
哀愁漂わせ系猫
えーでも
私が行く時はくるりがいるよ
ドーン
そ…それは…
あんたんとこのくるりが
ずいっ

うちの子をどかしちゃうんでしょ!
ぬぅ
シャー
ひょいっ
居場所を追われたゆうが行き着く先は…
ぴょ
キッチンシンクの中
ちょっと邪魔っっっ!!
ここにいるとキッチン使えないから降りて!
すっ
……あ……
とうとう最後の居場所も失ったゆうは
母の部屋に向かうも
トボ トボ
ここもダメ…
大抵ドアが閉められているので
開いてない…
しばらくドアの前でじっと待機しなければならないのであった
自分からアピールせず気づいてもらうまで待つスタイル

そうなると一番まともなのはうたなのかねぇ
小さかった頃はカーテンレールの上に寝てたりしてたけどね
うたは我が家イチの猫アイドルだからなぁ品行方正なんだ
ん!?
ギョッ
なにやってんの!?
全然体入れてないから!!
みっちり。
わーん 私のお弁当袋が毛だらけ～
ぴょんっ
猫たちは時々突拍子もない行動をとるのだった

第18話 猫トイレをめぐる涙ぐましいトライ&エラー

こいつらはとんでもない
〝おトイレセレブ〟
だったのである
2匹は私の猫として迎え入れたので、私は張り切って良いトイレを用意した
くるぽけ様 こちらをご用意しましたので お使いください!
うん良いね
しかし
ぎゃー!やめて! なんでベッドでしようとするのよ!
彼らは一回でもトイレを使用すると
ここだけでもアウト
それを片付けないかぎり2回目は絶対にしない
速攻大きいトイレをもう一つ増設するも
2匹共有じゃ嫌なのかな?
2つめー
たとえすでにしていたものが自分のおしっこだろうと2回目はしない
NO!
2つのトイレをお互い自由に使っているので、自分専用のトイレという感覚はなかった

幸いくるぽけは、おしっこを上に飛ばす癖はなかったので
カバーは撤去し

おしっこうんち
それぞれ
1回分ずつ
できるように

4つトイレを増設

4つも置くので小さめの洗いやすいプラスチック容器を探し
こ、これだ…！
運命の出会いを果たす
水切りかご
角が丸くて洗いやすい
素材はプラスチック
シンプルisベスト
猫砂は2匹には危ないので新聞紙をちぎって敷き詰めることに
ビリ
ビリ
しかしおしっこを吸収しないので猫の後ろ足に付く問題が発生
トイレの前面に脚が装備された
下にたまる
脚
そうして完成したこの猫トイレに私はとても満足していた
猫砂いちいち買うの面倒だったから新聞紙めっちゃ良いじゃん！
しかし…
最近臭うな…

トイレをしたら新聞紙を丸めてポリ袋に入れてゴミ箱に入れていたのだが
ゴミ箱の老朽化なのか私たちの鼻の通りが急によくなったのかくるぽけたちの体が変化したのか
猫トイレ付近が臭うようになった
ゴミ箱
ゴミ箱をもっと良いものに変えるべき？
うーん…
夫：つとむ
すぐ捨てられればいいんだけどな
できるだけ簡単にトイレに流すように……
あ！
したあと人間のトイレに流せばいいんじゃん！
でもうんちに新聞紙付いたら流せないよ
うーん……流せるもの…
そうか！トイレットペーパーだ！
トイレットペーパーを猫砂代わりにすることに
さあ！どんどん掘りなさい！
元々新聞紙に慣れていたので抵抗はなかった

※お住まいの市区町村やトイレの環境、ペットの毛の種類によっては猫の糞は流せない場合があります。ご注意ください。

第１９話　こんなことってある!?　猫たちの奇跡の１枚

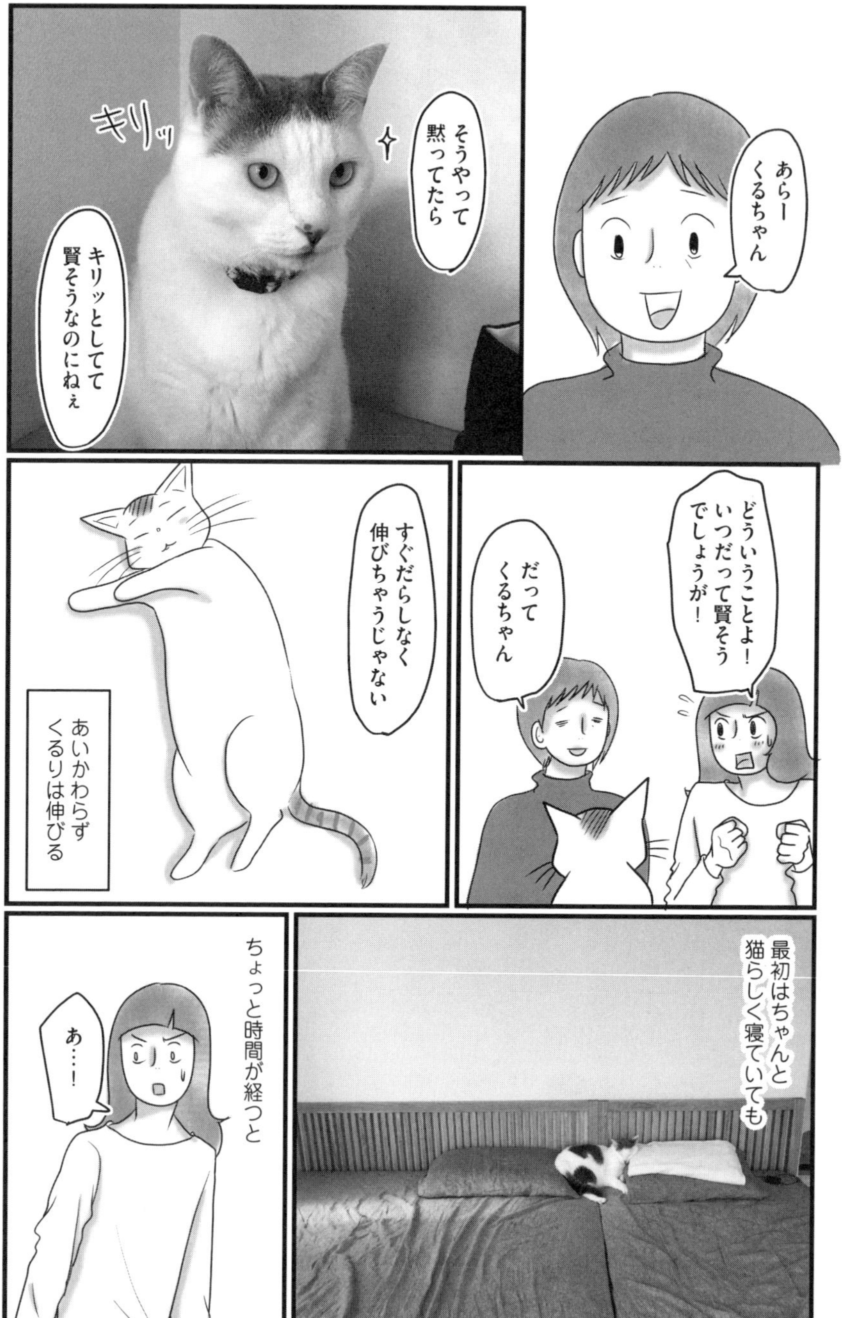

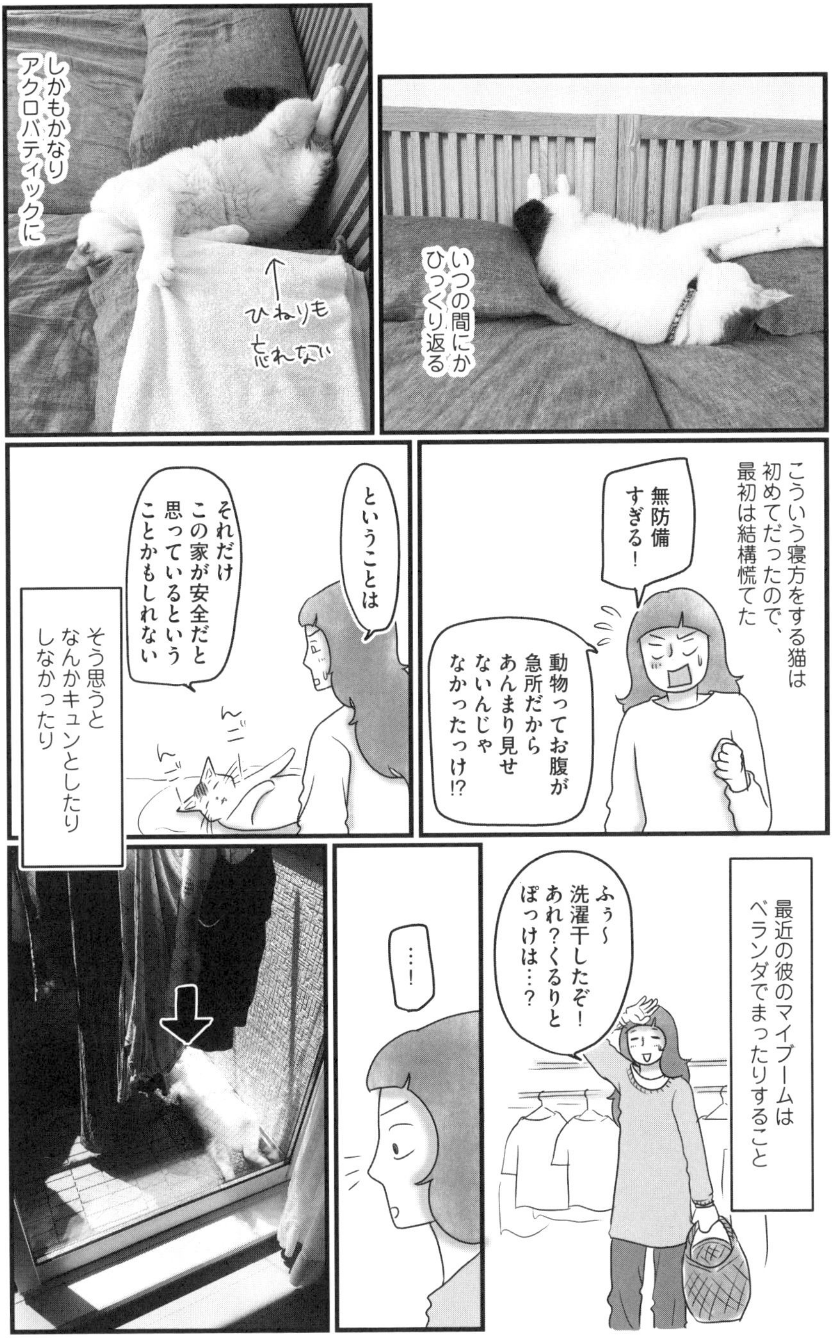

いつの間にかひっくり返る
しかもかなりアクロバティックに
↑ひねりも忘れない
こういう寝方をする猫は初めてだったので、最初は結構慌てた
無防備すぎる！
動物ってお腹が急所だからあんまり見せないんじゃなかったっけ!?
ということは
それだけこの家が安全だと思っているということかもしれない
んごー
んごー
そう思うとなんかキュンとしたりしなかったり
最近の彼のマイブームはベランダでまったりすること
ふぅ～洗濯干したぞ！あれ？くるりとぽっけは…？
…！

不名誉な
奇跡の1枚
ぶにょーーん
猫の形をした謎の生物の写真が撮れた
かわいそうに…暑さで少し溶けちゃったんだ…
いや、ただのデブだよ
一方で…
ったく!
出したら出しっぱなしなんだから…
あれ?
うちにサッカーボールなんかあったっけ?
奇跡の1枚
…いや
くるり!!
小さくなるときは、うちのどの猫たちよりも小さく丸まれる猫、くるり
コンパクト

奇跡の1枚といえば、うた
※カゴを並べて鑑賞中
あーカゴって可愛いよねぇ〜私カゴって大好き
このカゴも並べよ〜
カゴが増えている――――!
ポロ
奇跡の1枚
我が家の最年長猫ゆうは、普段面白い行動をほとんどしないので
そういった奇跡の1枚がない
おばあちゃん猫だからか一日中ずっと寝てるししかもその寝方は正統派な寝方だし
面白いことなんもしないんだよな―…
カチャ
といいつつ部屋に見に行く

腹出し
あら！珍しい！
君もそんな寝方するんだね！
って君、
爪がイスに引っかかっとるやないかい！
伸びをしたときに引っかかってしまった模様
ねてる
寝がえりしながら伸びをする
みーん
ビリッ
…
ひっかかる。
ごくたまにやらかす時はハプニングに近いものが多いので
ねぇいつから引っかかってたの?!
結構前からとか言わないでよ?!
写真を撮るどころではなくなってしまうのであった

第20話　空気読んでくれ～！何もかもうまくいかない夜

1時間後…
すうすう
よかった… もうちょっとで完全に眠りに落ちるぞ
カリ…
にゃおおおおーん
カリカリカリカリ
カリカリカリ
しまった…!
寝かしつけに邪魔になると思って寝室に入れなかったのがアダとなったか!
ガバッ
……?
くーちゃとぽけだ!
バッ
せっかく寝かけたのに起きちゃった…
くるり
ぽっけ
in
ハイドーモー
ドーモねー

15分後…
すーっ……
このまま寝てくれよ〜
しかし
ぽっけじゃま！
え!?
＊お腹が空いているぽっけ→
すん すん すん すん すん すん
いやーーん
ぽっけー！お前コラーーー！
さ、寝ましょうね！
ぬっ
…来るなよ…？
いえ行きます

もみもみもみもみ
………
ガバッ
あー! くーだめ! あっくんもママのだっこー!
もみもみもみもみもみもみ
真剣
もみもみ
くるり〜!
もみもみ
空気読めよ〜
さぁ〜 今度こそ寝ようね!
いいかげん眠いね……
コクッ
ガサガサガサガサガサガサ
…ママ…?
…なぁに? あっくん
ぽっけトイレじゃなぁい?
そうね、でも気にしなくていいのよ
ガサガサガサガサガサガサガサガサガサガサガサガサ

ガサガサガサ
ガサガサガサ
ママ？トイレかえる？しんぶんかえなくていいの？
ガサガサ
いや、ほんと気にしなくて……
ガサガサガサ
ガサガサガサ
うちの猫トイレは新聞紙を使っています
ガサガサガサ
…………そうだね
むくっ
ガサガサガサ
ママ、猫トイレ替えてこよっかな……
ドスドスドス
ドスドスドス
あーもう うんち落ちてんじゃん!!
ガサガサ
ドスドス
ドスドスドス
ママ？
あっくん
ママだいしゅき！
ママもー パパもー ばぁばもー
くーも ぽけも
だいしゅきなの
くいっ

…………
ぎゅっ
今日はイライラしちゃってごめん…
パトカーも ゴミしゅうしゅうしゃもー
おうどんもー ケーキもー
うんうん
おむつもー おうちのやねもー
……うん?
ずぼんもー しんぶんもー
…………うん?
うんちもー
…ん?!
うんちも だいしゅき!
…うんち…
今日も一日 お疲れさま

〈おまけ〉 おかあちゃんが考えたぼくたちの家

こんなに
殺風景になってしまいました
ガラーーン…
冬になるとここにホットカーペットが導入されて、ぼくなんかはついつい仰向けで寝ちゃうんですよね～
お前はいつだって仰向けで寝るだろ…
暖房はエアコンとホットカーペットのみ
よくおかあちゃんが
……アラジンストーブとか置いてみたいのにな……
憧れのアラジン
なのになんで置けないか分かる
と、なぜかぼくたちを冷たい目で見ながら言ってくることがあるね
まぁそんなのリビングに置かれた日には

間違いなくおれたちは
突っ込んでいって
丸焼きになるな
プス
プス
なで
ぼくたちはビニールを
食べてしまう癖が
あるので
ガジガジ
うまうま
キッチンも厳重に
管理されちゃってます
少しくらい食べ物を
出しっぱなしに
してくれたら、
こちらも味見なんぞ
できるんですけどね
嫌味なくらい
しまうんだよね～
ハァ
ご丁寧にゴミ箱に
までロックかけちゃってね
ゴミ箱開けるの
大好きだから、
楽しみくらい
取っててほしいよね
ぷんすこ
つまみながら
じゃないと開けられない
廊下に行くと
ぼくたちのコーナーで

トイレとごはんと爪研ぎがあるんだよね
家を建てたときに発注ミスでできてしまった謎のくぼみを活用して
おかあちゃんが棚を作りそこに日常のケア用品を入れています
あの人こういうDIYとかなんか細かいのとかやるの大好きだよね
一心不乱
しょっちゅう家の中のなにかしらをいじってるもんねその時間仕事したらいいのにね
引くわー
ちなみにここにはゆうとうたのものはなく
まいの母 ふみ
うた
ゆう
彼女たちのコーナーは彼女たちの飼い主であるふみちゃんの部屋に置いてあります
うたとゆうとぼくたちは仲がそんなに良くないからぼくたちふみちゃんの部屋は出禁なんだよね
あの部屋は女の園って感じだな

棚に入らない頻繁に使わない猫グッズは
隣の部屋の収納の中に入れています
この収納ボックスもごはんのストック入れてるからっておれらが開けられないボックスをわざわざ買ったんだよ！
ほんと猫ごころがわかってないよね～味見させてほしいよ
おかあちゃんとおとうちゃんのクローゼットはおれたちの秘密基地！
おとうちゃんは片付けが苦手なので
おとうちゃんのクローゼットは格好の遊び場＆寝床！
よく朝になって
スーツに毛がぁぁ！時間ないのに――!!
って叫んでるのを聞くね
コロコロ
そのときおかあちゃんが
くくくっ…これに懲りてクローゼットを綺麗にすればいいのよ…いい薬ね…ふふ…
ってとても意地の悪い顔で笑ってるのもよく見るね

でも出勤すると忘れちゃうから
いつまでたってもおとうちゃんの
クローゼットは秘密基地のまま
なんだよね〜
モ
ポロッ
夜の寝場所は
寝室だけど
地味にぼくたちに人気のスポットは
この猫トンネルを抜けた先にある…
おかあちゃんの仕事部屋！
ここはおかあちゃんがよく地蔵のように固まったままになる場所で、静かだから居やすいんだよね
うーん
うーん
でも本当は文具類や紙類があって格好の遊び場になるはずだったんだけど
やっぱり全部しまわれちゃってんだ

なにもこんな開けづらい収納にしまわなくたっていいのに！
扉を持ち上げるのは苦手のようなので買ったベンチ収納
それは！
君が前の棚だったとき引出し開けてマスキングテープまで食べてたからだろ
それを言うならお前だって、引出し開けてクリップ取り出して遊びまくったからだろ！
それを言われると弱いっ
ゼーハーゼーハー
……まぁでも？
ヨロヨロ
おれたちのおかげでものを表に出さないインテリアに目覚めて
そしてやはりまたさりげなく
その結果掃除がめちゃくちゃ楽になったらしいから、ぼくたちに感謝するべきだよね
写真に写り込むぼくら
ちょっとまったぁぁぁぁ！

猫って大変なんて
イメージつけられたら
困るわよ！
むき…
あたしたちは
ちゃーんとおりこうで
雑貨で遊んだり
しないから
あたしたちの
おかあさんの部屋は
雑貨でいっぱいなのよ！
どこぞの食いしん坊バカたちと
違うからビニールが
出しっぱなしでも
大丈夫だし
どこぞの体力バカたちと
違って取っ組み合いの
喧嘩や家中を走り回る
こともほとんどないから
日中は静かにいいこで
ベッドで寝てるもん！
ダダダダダダ
↑バカ
静か
あんたたちが乗るせいで
家のいたるところに
変なトゲトゲが
置いてあるし
TV前↑
階段手すり↑
あんたたちが
家のいたるところで
爪研ぎするから
壁紙ボロボロだし！
ボロッ
そんなのお互い盛大に
やりまくってること
でしょうが！
こっちのせいにするなよ！
ボロッ…

出禁だって
言ってんのに
入って来るから
扉にロック
あたしたちの
お部屋にロック
かけなきゃ
いけないし！
それはうたが勝手に
ドア開けて出入りする
からだろ！
ドアが開いてたら入る！
それが猫のサガって
もんだろ！
開いてたら入る
＝
猫のサガ
あたしたちの城に
入ってこないでよ！
ぷん
ぼくたちは君らが
部屋に入ってきても
文句言ったこと
ないだろ！
ぷんっ
あたしたちは
いいのよ！
ギャ
ギャ
ずず
………
ギャー
ギャ
以上、猫４匹と暮らす
ゆるり家の実態でした

おわりに

何度か「猫について描いてみませんか？」と言われたことがありました。しかし、その度に「うちの猫たちに面白いことなんてないんですよ～」と、辞退してしまっていました。

しかしある時、cakes編集部のEさんと話をしていて、たまたま猫の話になり、くるりの話をしたところ、たあいもない話だったにもかかわらずEさんが爆笑してくださったのです。恥ずかしいほど単純な私は「こんなに笑ってくれるなら、もしかしたら私にも描けるかもしれない……」と調子に乗り、なんとか機会をいただき今に至ります。

でも甘かった。猫をテーマに描くって本当に難しい。猫のいる風景が日常に溶け込み過ぎて、日頃ぼーっと生きている私は、ネタになるであろう事柄を取りこぼしがちだし、会話ができない分、何を考えてるのかわからないことがたくさんあるし……。

けれど大変な分、描いていてとても楽しいのです。注意深く見ていると、毎日なにかしら彼らの中に事件はあって、それは漫画にするほどのものではなくても、結構ドラマティックなものだったりもして。時にハラハラさせられたり、思わず「こらっ！」と怒りたくなるようなこともあるけど、でもやっぱり見ているだけで目尻が下がってしまう彼らの存在は、本当に愛おしいものだと実感しています。

最後になりますが、この連載の場を与えてくださったcakesのE様、書籍化してくださった幻冬舎のM様、デザイナーのA様、そしてこの本を手にとり読んでくださった皆様に、感謝を申し上げます。本当にありがとうございます。また、どこかでお会いできる日を楽しみにしています。

くるり（7・8kg）を抱っこしながらこのあとがきを書いているのですが、膝が痺《しび》れてきたのでこの辺で。

ゆるりまい

〈著者プロフィール〉
ゆるりまい
1985 年生まれ。仙台市在住。漫画家、イラストレーター。
夫、母、息子の人間 4 人 + 猫 4 匹ぐらし。生まれ育った汚家の反動で、現在ものの少ない暮らし街道爆進中。ものを捨てることが三度の飯より大好きな捨て変態。主な著書は、累計 20 万部を突破し NHK BS プレミアムでドラマ化もされた「わたしのウチには、なんにもない。」シリーズ、『なんにもない部屋のくらしかた』（共に KADOKAWA）など。

※本書は cakes（ケイクス）連載「ゆるりまいにち猫日和」を加筆・編集し、まとめたものです。

ゆるりまいにち猫日和

2017 年 11 月 25 日　第 1 刷発行

著　者　ゆるりまい
発行者　見城 徹
発行所　株式会社 幻冬舎
〒151-0051 東京都渋谷区千駄ヶ谷 4-9-7
電話　03（5411）6211（編集）
03（5411）6222（営業）
振替　00120-8-767643
印刷・製本所　株式会社 光邦
デザイン　芥 陽子

検印廃止

ISBN978-4-344-03213-2 C0095
幻冬舎ホームページアドレス　http://www.gentosha.co.jp/

この本に関するご意見・ご感想をメールでお寄せいただく場合は、
comment@gentosha.co.jp まで。